土木遺産 IV

Engineering's Heritage in Japan

世紀を越えて生きる叡智の結晶

日本編2

一般社団法人 建設コンサルタンツ協会『Consultant』編集部 編

ダイヤモンド社

読者の皆さんへ

一般社団法人 建設コンサルタンツ協会『Consultant』編集部

「土木」は英語で「Civil Engineering」と表記します。文字通り「市民のための工学」ということになります。港湾、空港、海岸、河川、ダム、道路、橋梁などの構造物をはじめとして、電力、ガス、上下水道などのライフライン、都市、公園、情報、環境など、土木施設は多岐にわたり、市民の生活の支えとなっています。

古来、人はより良い生活を営むために、その時代で最高の技術と労力を注ぎ、様々な土木施設を造って文明を築いてきました。その中には、人々に大切に守られながら世紀を越えて今もなお使い続けられる歴史的価値の高い現役の建造物も少なくありません。そこには後世の我々が学ぶべき先人が残した多くの叡智が集約されています。

私たちはこのような建造物を「土木遺産」と呼び、そこに込められた叡智を読み解く旅を始めました。日本が近代化の範としたヨーロッパ諸国を皮切りに、その原点となった古代技術の発祥地であるインドや中国へ。さらには、これらの技術が伝わって独自の文化と融合・発展した東南アジア諸国や日本へと、私たちの旅は広がっています。

私たちと一緒に先人の叡智を読み解く旅に出かけてみませんか。

平成二七年二月

目次

景観の中の土木遺産　窪田陽一　6

パート1　北海道・東北・関東

小樽港外洋防波堤　北海道小樽市（一九二一年完成）　古代ローマの知恵が活きる　10

藤倉ダム　秋田県秋田市（一九一一年完成）　秋田水道発祥の地　22

貞山運河　宮城県石巻市〜石巻市（一八八四年完成）　仙台藩経済の大動脈　34

玉川上水　東京都羽村市〜新宿区（一六五三年完成）　お江戸を潤す　46

パート2　中部・北陸

箱根旧街道　神奈川県小田原市〜静岡県三島市（一六八〇年建設開始）　いにしえの石畳　60

黒部峡谷鉄道　富山県黒部市（一九三七年完成）　黒部川電源開発のライフライン　72

アカタン砂防　福井県南越前町（一九〇六年完成）　人知れず地域を守ってきた砂防堰堤群　84

パート3　近畿・中国・四国

丸山千枚田　三重県熊野市（一七世紀初頭に存在記録）
小さな山村にある壮大な棚田　98

布引ダム　兵庫県神戸市（一九〇〇年完成）
日本初の重力式コンクリートダム　110

満濃池　香川県まんのう町（七〇一年前後に築造記録）
日本最大の溜池　122

三滝ダム　鳥取県智頭町（一九三七年完成）
日本最後のバットレスダム　134

パート4　九州・沖縄

南河内橋　福岡県北九州市（一九二六年完成）
橋梁史に忽然と現れ消えた最後のレンズ形トラス橋　148

通潤橋　熊本県山都町（一八五四年完成）
日本で最もユニークな水路石橋　160

三角西港　熊本県宇城市（一八八七年開港）
滑らかな曲線が際立つ石積み岸壁　172

安房森林軌道　鹿児島県屋久島町（一九二三年開通）
新たな使命を担って走る　184

金城の石畳道　沖縄県那覇市（一五二二年完成）
首里城へと続く石畳　196

巻末資料
土木遺産年表
執筆者と参考文献等一覧表
写真撮影者一覧表　208

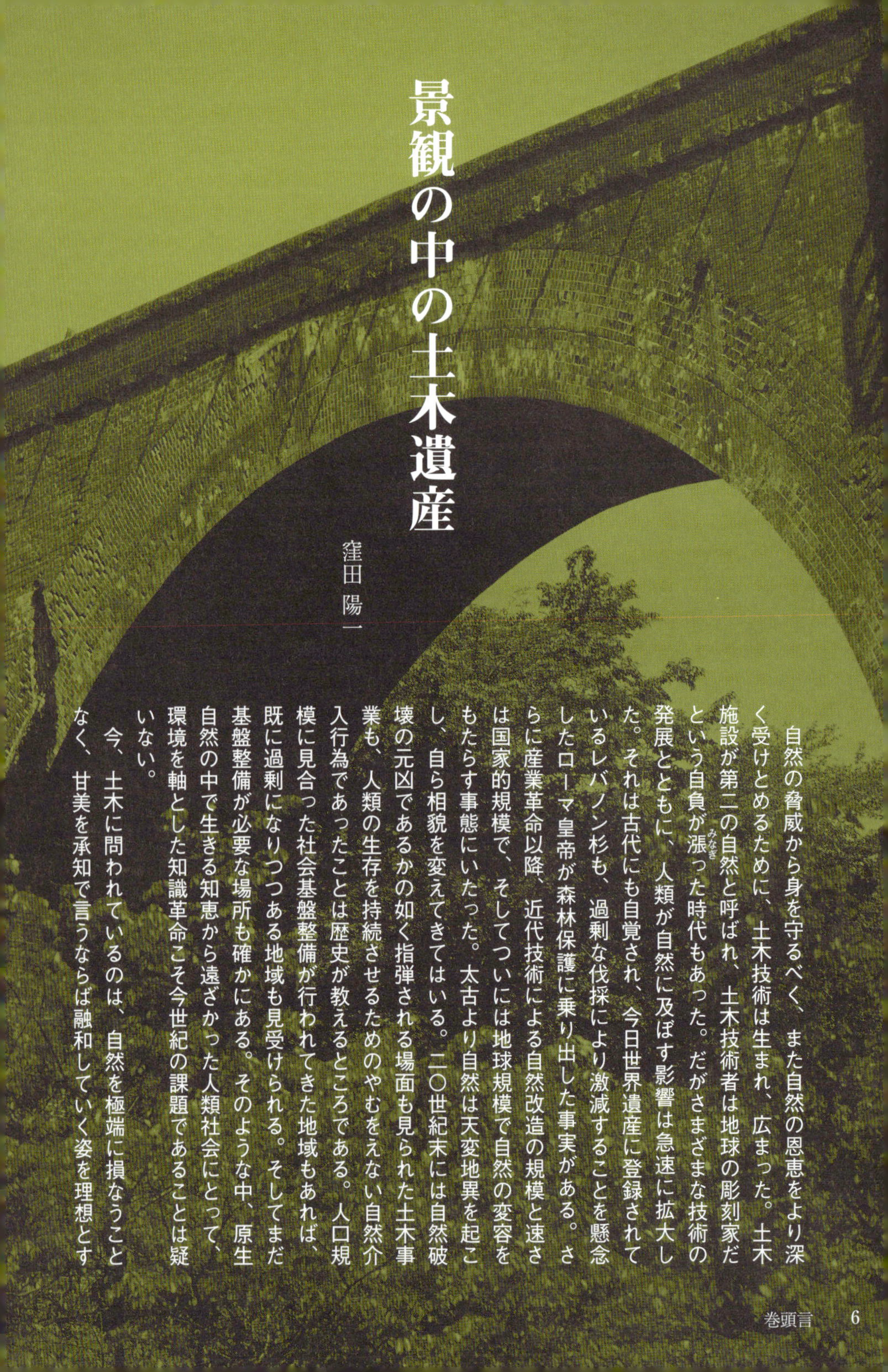

景観の中の土木遺産

窪田　陽一

自然の脅威から身を守るべく、また自然の恩恵をより深く受けとめるために、土木技術は生まれ、広まった。土木施設が第二の自然と呼ばれ、土木技術者は地球の彫刻家だという自負が漲《みなぎ》った時代もあった。だがさまざまな技術の発展とともに、人類が自然に及ぼす影響は急速に拡大した。それは古代にも自覚され、今日世界遺産に登録されているレバノン杉も、過剰な伐採により激減することを懸念したローマ皇帝が森林保護に乗り出した事実がある。さらに産業革命以降、近代技術による自然改造の規模と速さは国家的規模で、そしてついには地球規模で自然の変容をもたらす事態にいたった。太古より自然は天変地異を起こし、自ら相貌を変えてきてはいる。二〇世紀末には自然破壊の元凶であるかの如く指弾される場面も見られた土木事業も、人類の生存を持続させるためのやむをえない自然介入行為であったことは歴史が教えるところである。人口規模に見合った社会基盤整備が行われてきた地域もあれば、既に過剰になりつつある地域も見受けられる。そしてまだ基盤整備が必要な場所も確かにある。そのような中、原生自然の中で生きる知恵から遠ざかった人類社会にとって、環境を軸とした知識革命こそ今世紀の課題であることは疑いない。

　今、土木に問われているのは、自然を極端に損なうことなく、甘美を承知で言うならば融和していく姿を理想とする、別の言葉で表現すれば風土の一部に組み込まれていく形で、土木施設が築かれるかどうか、ということであろう。それでは日本の土木は風土に対してどのように対面してきたか。風土と言えば必ず言及される、日本社会の近代化のあり方が問われ始めた昭和初期に、哲学者の和辻哲郎が著した『風土——人間学的考察』は、実存主義哲学者ハイデガーの『存在と時間』の影響を受けて、地球上のさまざまな地域の風土と文化、思想との関連性を追究した著作である。「風土が人間に影響する」という和辻の思想は安易な環境決定論だとの批判がある一方、風土という考え方こそが地球規模の均質化に傾斜するグローバリゼーションを押しとどめる上で有効な方法論だとする、フランスのオギュスタン・ベルクによる再評価もある。

明治維新後、日本社会が受け入れ、推進してきた近代化の証拠物件である土木施設は、今では近代化遺産と呼ばれ、地域の景観の中に歴史の刻印として遺されるようになっている。景観とは様々な場所の環境の視覚像、即ち風土の姿形に他ならないとすれば、第二の風土を築き上げてきた土木施設にも無関係な議論ではない。ある場所の景観がそこにあるように視覚像として見えるということと、その景観を風景として美しく感じるかということは、多くの場合次元が異なる。景観が風景として人々の情緒を揺り動かす時、それは土木施設本来の機能とは異なる価値の発現を意味する。普遍的な理論に基づく土木技術の成果である土木遺産も、実は局地的な環境との対峙と融合の鬩《せめ》ぎ合いの帰結であり、地域の風土の中で風景の一部として感受されるのであれば、その場所に蓄積された歴史の証左を社会が受け入れたことを意味する。当初想定された土木施設の本来の機能を終えても、その存在自体が別の価値や意味を生んでいるのであれば、それを正しく認識し持続させていくことが次世代の課題になる。

大規模な土木事業により日本の山河は、少なくとも人間が生息する場所の近傍では大きく変容した。遺憾ながら量多くして粗雑であった面も否定はできまい。土木技術者は地球の彫刻家だと自負するのであれば、本当の意味での彫琢《ちょうたく》はこれからである。景観を見る目を通して環境の履歴を再整理する姿勢を土木技術者が磨くことこそ、職能としての責務ではないか。景観の中の土木遺産はその目を養うための先人の恩物《おんぶつ》に他ならない。

窪田 陽一（くぼた よういち）

一九五一年生まれ、静岡県清水市（現静岡市清水区）出身。東京大学工学部土木工学科卒（一九七五年）、東京大学大学院工学系研究科博士課程修了（一九八〇年）、工学博士。埼玉大学工学部建設工学科助手・同助教授・同教授を経て、二〇〇二年より埼玉大学大学院理工学研究科教授に就任し、景観工学・都市計画・近代土木史・環境計画の研究教育に携わる傍ら、摺上川ダムや四谷見附橋、東京ゲートブリッジ等各種公共事業の景観アドバイザーとしても活躍中。国際交通安全学会著作賞受賞作『ネオバロックの灯：四谷見附橋物語』他著書・受賞歴多数。

Part 1
北海道・東北・関東

…………小樽港外洋防波堤
北海道小樽市

…………藤倉ダム
秋田県秋田市

…………貞山運河
宮城県岩沼市～石巻市

…………玉川上水
東京都羽村市～新宿区

Engineering's Heritage

【北海道小樽市】小樽港外洋防波堤
古代ローマの知恵が活きる

一〇〇年前に築かれた防波堤

小樽港は北海道西海岸のほぼ中央に位置し、高島岬に抱えられるように石狩湾を望む、港域面積五・七平方キロメートル、防波堤内面積三・三平方キロメートルを有する、一九九九（平成一一）年に開港一〇〇周年を迎えた重要港湾である。

小樽市街地の南、小樽築港駅前の臨港公園に設けられた観覧車からは、眼下に茅柴《かやしば》岬を背にした港の全容が一望できる。そして北防波堤、島堤、南防波堤と大きく三つに分かれた総延長約三・五キロメートル、幅約七メートルの外洋防波堤は、北側の茅柴岬の付け根付近から南側の平磯《ひらいそ》岬方向に一直線に横たわり、箱庭のように見える港域と外海を見事に遮っている。また、日本海側にあることで小樽港の干満差は三〇～四〇センチメートルと小さく、防波堤は海水面からいつも約二・五メートルの高さがある。この壮大な構造物が、一〇〇年も前に築かれた事実に改めて感心する。

今日、小樽は一九二三（大正一二）年に完成したまちのシンボルである運河をはじめ、古い洋風建築が多く残るエキゾチックな港町として、人気の観光地となっている。しかし、この外洋防波堤が築かれた明治中期は、小樽を含む北海道の大部分が「蝦夷地」から「北海道」と改称され開拓が始まってからさほど時を経ていなかった。そのような時期に、なぜこの北の果ての地に、港を築く必要があったのであろうか。

外国人技術者からのひとり立ち

小樽港外洋防波堤の基本部分は、明治中期から大正にかけて、二期に及ぶ工事により完成した。

第一期工事は、一八九七～一九〇八（明治三〇～四一）年にかけて行われた。当時札幌農学校教授だった

日本海の激浪を世紀を超え遮ってきた小樽港外洋防波堤

小樽港の全容（提供：小樽港湾事務所）

廣井勇が初代小樽築港事務所長として赴任、勇の陣頭指揮により北防波堤一二八九メートルが築造された。第二期工事は、第一期工事に引続き一九〇八～一九二一（明治四一～大正一〇）年にかけて行われた。この工事で陣頭指揮にあたったのは、三代目小樽築港事務所長の伊藤長右衛門であった。そして、南防波堤九一二メートルと島堤九一五メートルが新たに築造されるとともに、北防波堤も四一九メートル延伸された。

当時、日本の近代港湾整備の先駆事例であった横浜築港は、英国人技師パーマーの陣頭指揮によって進められていた。それでもコンクリートブロックに亀裂や崩壊が発生しており、港湾整備事業には非常に高い技術が必要であった。こうした時代にもかかわらず、小樽港外洋防波堤の建設は、計画・設計から施工までが日本人の手で推し進められた。このことは、当時の日本の土木技術者に大いなる自信や希望を与えたとともに、その後の土木技術発展に大きく寄与したことは間違いない。

コンクリート一〇〇年耐久試験

当時の北防波堤の起点は、現在の小樽市手宮一丁目

現在の北防波堤の起点

の道道小樽海岸公園沿いにある。そこから伸びる甲部と呼ばれる四七メートルの小さな堤体区間から施工は始まった。残念ながら今、その構造を確認することはできない。しかし、その先の乙部と呼ばれる一三四メートル区間の防波堤は、埋め立てられ道路になっているが、一部が露出しており当時の面影を残す。そして現在の護岸との交点から、北防波堤が姿を現す。

船で北防波堤に近づくと、防波堤の水際付近に、約

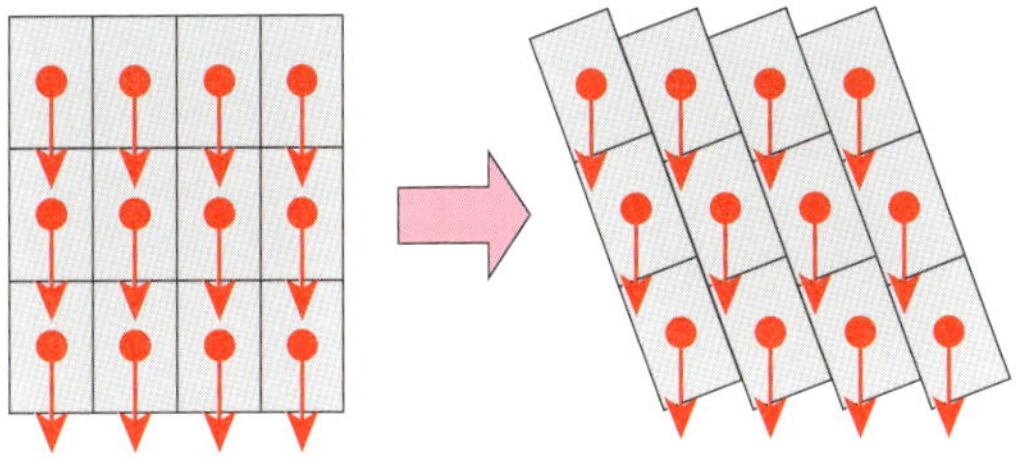

スローピングブロックシステムの原理図

ブロックを斜め積みにした北防波堤

引き上げられたコンクリートブロック

七〇度の傾斜で整然と並んでいるコンクリート構造体を見ることができる。日本で初めて採用したスローピングブロックシステム（方塊傾斜積工法）により築かれた堤体が、一〇〇年間鎮座する姿である。同様の構造は第二期工事で築かれた南防波堤でも見ることができる。

スローピングブロックシステムとは、一九世紀末期のヨーロッパで用いられていた最新技術である。コンクリートブロックを斜め積みにすることで、重心をずらしてブロック相互に支持力を発生させ、水平積みの場合と比較して堤体の安定向上を図り、波力による崩壊・脱落等のリスクを軽減している。

コンクリートブロックは、

ブロック据え付けに活躍した英国製積畳機「タイタン」（出典：『小樽築港工事報文（前編）』廣井勇 1908年）

根固めに用いるものが長さ二・四二メートル、幅一・八二メートル、高さ一・二一メートルであり、積み上げられ堤体の基幹をなすものが厚さ一・二一メートル、幅三・〇三～四・二四メートル、高さ一・八二メートルで、重さは約一四トンに達する。これらのブロック類の製作ヤードは、一八九七（明治三〇）年から翌年にかけて造られた埋立地（現在の厩地区）を利用した。ブロックは、防波堤に沿って敷設した仮設軌道を、工事用機関車により施工現場まで牽引し、英国製積畳機《せきじょうき》タイタンにより据え付けるという、当時の最先端技術が用いられた。

一方、この北防波堤では構造や施工における工夫のほか、使用する材料にも創意が凝らされた。その代表的なものが「火山灰混用高強度コンクリート」の使用である。

古代ローマ時代の土木・建築遺産が今も数多く現存しているのは、ポッツォーリの塵《ちり》と称される火山灰が配合された「古代コンクリート」の使用が大きな要因ではないかといわれている。勇は、当時ドイツで古代コンクリートをヒントに開発されていた火山灰混用高強度コンクリートを用いたのである。

また、こうした新しい材料の採用にあたっては、コンクリート強度を追跡して調査・把握することが重要であると考えた。このため、五〇年間を試験期間と設定した上で、セメント産地や養生方法の違いといった様々な試験条件を考慮し、六万個にも及ぶモルタルブリケット（供試体）を用意するとともに、強度確認の定期試験を開始した。結局、この大量に残されたモルタルブリケットによる試験は、非定期ではあるが五〇年どころか約一〇〇年もの間にわたって続けられ、いつしか「コンクリート一〇〇年耐久試験」とも呼ばれるようになった。

北防波堤は岸壁と地続きとなっていて、格好の釣り場となっている。北防波堤の港外側には、近代的な消

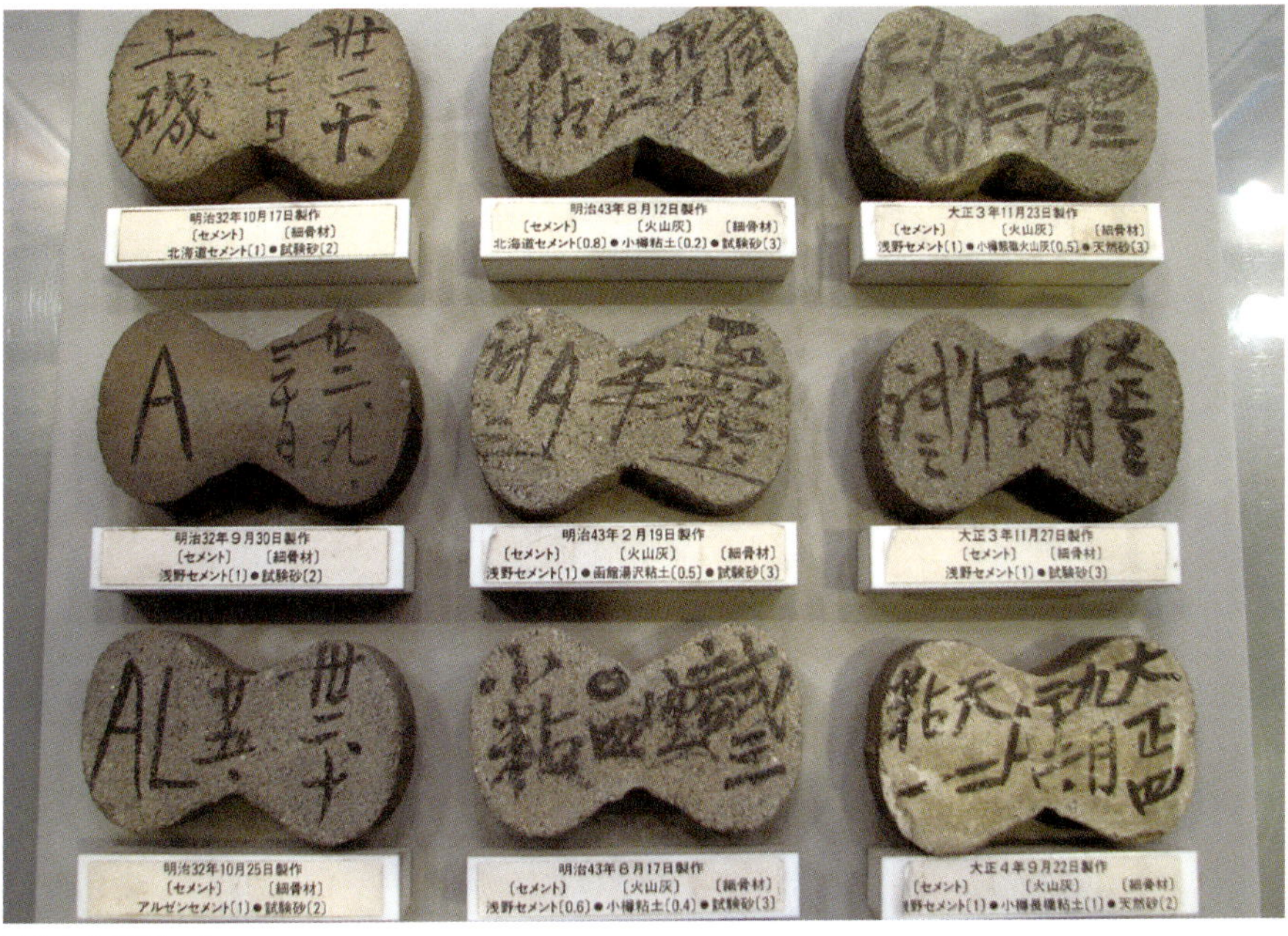

モルタルブリケット

波ブロックが設置されており、これを足場にしてコンクリートブロックに触れることができる。ブロックの表面は風化こそしているものの、斜塊コンクリートは大きめで角張った骨材を抱き込むようにして、今日もまだまだ健在である。

新技術へのチャレンジ

北防波堤の始まりから一キロメートル辺りまで行くと、傾斜して整然と並んでいたブロックの姿が一転し、約一五メートルの間隔で垂直の継目のある構造へと変化する。外洋防波堤の中央に位置する島堤もほぼ同一の構造である。この第二期工事で築造した島堤と北防波堤延伸部では、さらに新しい技術であるケーソン工法を採用したのである。

ブロック積防波堤の強度は、スローピングブロックシステムの工夫を凝らしても、最終的にはブロック個々の重量に左右されてしまう。明治末期には、一五〇トンものブロックが施工できるほど技術は進歩したものの、ブロックの大型化や重量増加には限界があった。

ドック等で製作したコンクリートの大型の函《はこ》を現場に曳航し、沈埋して構造物を建設するケーソン工法は、現在、防波堤をはじめ護岸、海底トンネル、橋梁下部工等、海洋土木工事においてなくてはならない技術である。折しも、外洋防波堤の第二期工事が始まる前の一九〇六（明治三九）年、オランダのロッテルダムで世界初のケーソン防波堤が施工された。そして一九一〇（明治四三）年八月には、神戸港においても日本初のケーソン防波堤が施工されることになる。

このような時代背景のもと、ブロック積みからケーソンへと、大規模防波堤工事の技術発展を予見した長右衛門は、島堤と北防波堤の延伸部にケーソンを用いることを決意したのである。そして、一九一一（明治四四）年には軍艦の進水式から発案したといわれる斜路式ケーソンヤードを港内に建設し、一九一二（大正元）年には小樽港にも初めてケーソンが沈められることとなった。小樽港外洋防波堤には、決して過去の成功や前例だけにとらわれず、新技術にチャレンジしていく技術者の心意気を感じる。

近代国家発展を担う石炭輸送拠点

当時、欧米列強に並ぶ国家の建設を目指していた明

ソイやアブラメ（アイナメ）を狙う釣り人で賑わう北防波堤

治政府は、産業革命を押し進めるため石炭資源の開発と確保を最重要課題として掲げていた。北海道は、日本最大規模である石狩炭田をはじめ、豊富な炭鉱資源を有していたことから、重要開発拠点として位置づけられたのである。

明治から昭和初期において、鉄道と港湾は社会経済を支える重要なインフラストラクチャーであった。一八八〇（明治一三）年、小樽と札幌間に日本で三番目となる幌内鉄道が敷設され、一八八二（明治一五）年には札幌から石狩炭田幌内炭鉱（現在の三笠市）まで延伸されると、石炭輸送の大動脈となった。こうして小樽港は石炭輸送拠点として国家戦略上重要な役割を担うようになり、一八八九（明治二二）年には特別輸出港に指定されるに至った。また、北海道開拓の拠点、札幌の近くに位置することから、北海道に出入りする石炭以外の様々な物資の流通拠点としても、その役割は高まっていったのである。

当時の小樽港は、不凍港という利点はあったが、冬の厳しい季節風が吹くと湾内に大波が押し寄せ、荷役が不可能になった。さらには、船や貨物、沿岸家屋までが被害を受ける状況でもあった。これを打開するためには、港の入口に外洋防波堤を築造して、日本海の荒波を遮る必要があったのである。

最果ての蝦夷地において、当時の最新技術を駆使して進められた小樽築港プロジェクトには、日本が富国強兵政策を推し進め近代国家に発展するための、時代の要請があったのである。

長右衛門ここに眠る

健全な姿を保ちつつ、現在も立派に機能している外洋防波堤も、長い年月激浪にさらされた結果、土台である基礎捨石の洗掘、本体を守るコンクリートブロックの散乱等が発生している。この防波堤を健全な姿で次代に継承していくため、捨石や基礎等を極力元通りに修復する「平成の大改修」が二〇〇五

長右衛門の遺骨の一部が納められている北防波堤の先端

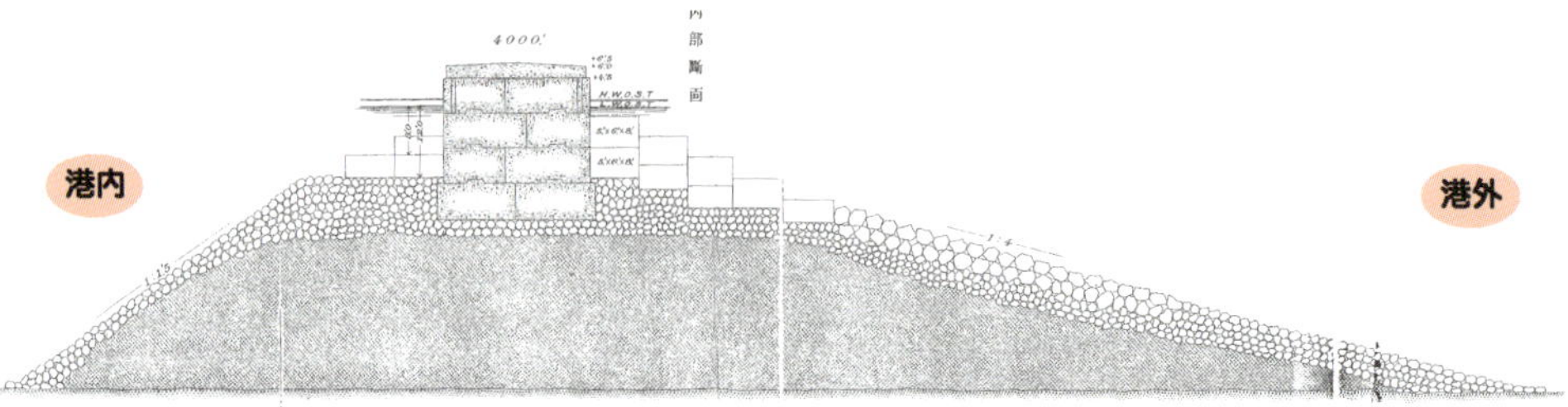

北防波堤断面図（出典：『小樽築港工事報文（前編）』廣井勇 1908年）

年より始まっている。これは、潜水調査を行って設計図と照合し、形状が異なる個々のコンクリートブロックに管理番号を付け、本来あるべき場所を特定した上で、ひとつひとつクレーンで吊り上げ移動させるという、気の遠くなるような作業である。現在も継続中であり、完了までには長い年月がかかるようである。

北防波堤の先端部には、長右衛門の遺骨の一部が、遺言により納められている。小樽港外洋防波堤の建設は、勇や長右衛門、さらには防波堤建設に携わった土木技術者全ての、正に人生の一大プロジェクトだったのである。

冬季の荒波に耐える北防波堤（提供：小樽港湾事務所）

現地へのアクセス

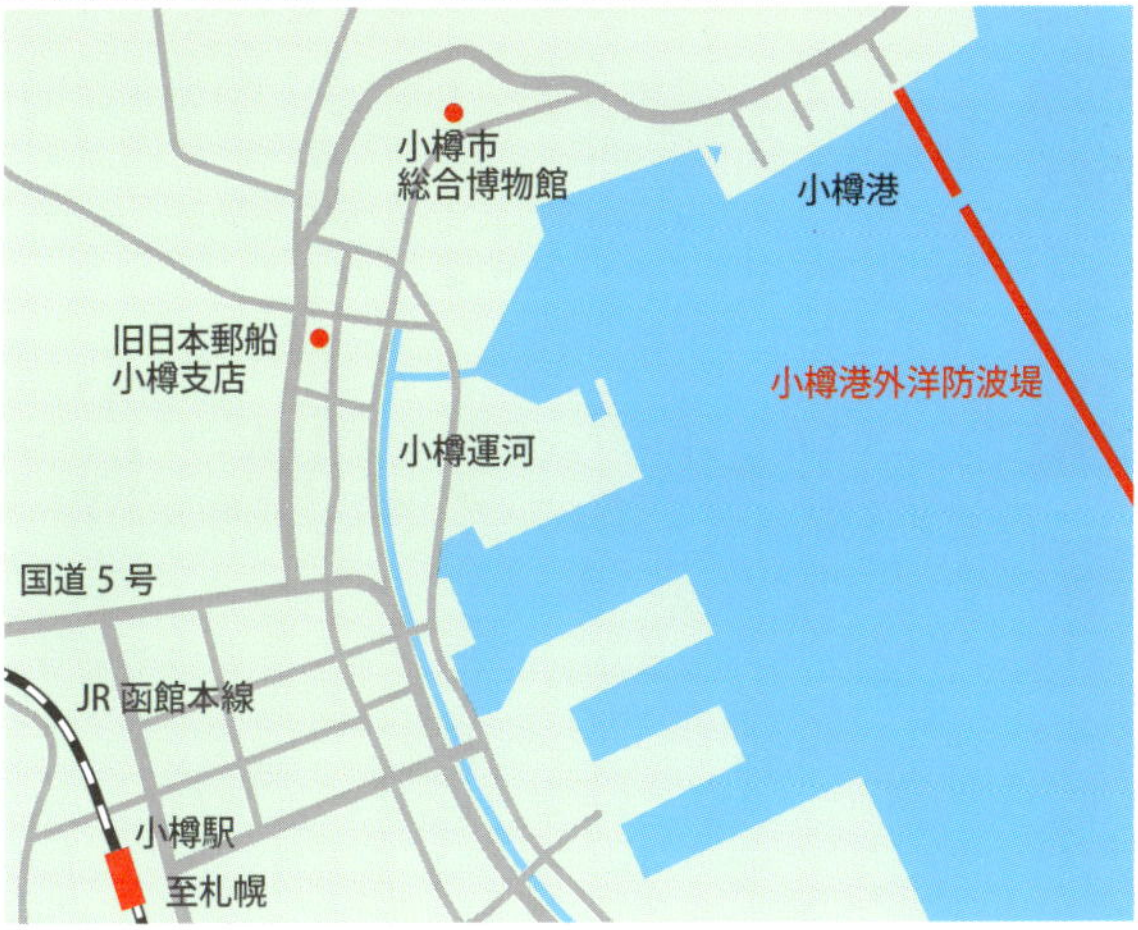

■ JR函館本線「小樽駅」からバス「高島3丁目行き」乗車15分「日粉前」下車。徒歩3分。
■ 札樽自動車道「小樽IC」から車で約15分。

同設計者施設

函館漁港

設計者の廣井勇が監督技師を務めた石積み防波堤

函館漁港には廣井勇が監督技師として携わった石積み防波堤が現存する。小樽港外洋防波堤より一年早く着工した北海道で最初の近代港湾施設。一八九九（明治三二）年に完成し、北側の一〇五メートルと南側の一一メートルが一〇〇年以上経過した現在でも機能している現役の防波堤である。西風の際に波浪が港内に進入することを防ぐ目的で整備された石積み防波堤は、旧砲台（弁天岬台場）解体の際の石垣の石を使い、基礎コンクリートブロックはこの台場跡地で製造したと伝えられている。

所在地　北海道函館市

近隣土木施設

小樽運河

はしけで倉庫まで行けるように造った運河

一九二三（大正一二）年に完成した小樽運河は、陸を掘削した運河ではなく、海岸を埋め立てて造ったものである。戦後、埠頭岸壁の整備により運河としての役割は終わる。しかし、一九八六（昭和六一）年に一部を埋め立てて運河幅の半分を道路にして、散策路や街園が整備された。全長は一一四〇メートル、幅は二〇メートル。北側だけが当時のままの四〇メートル幅となっている。運河沿いの石造倉庫群は当時のままで、レストランなどに再利用されている。夜にはライトアップされる。

所在地　北海道小樽市

類似土木施設

留萌港南防波堤

歴史的外洋防波堤

留萌港南防波堤は一九一一（明治四四）年に着手し、一九二九（昭和四）年に完成した。国内でも初期に施工された全長九三九メートルの重力式ケーソン構造の防波堤である。建設は波を遮るものがない地形条件や、冬期の風雪と波浪により半年間の工事休止を余儀なくされるなど大変な難工事となった。現在の南防波堤は、防波堤の嵩上《かさあげ》改良などにより建設当時の姿は一部を残すのみとなったが、留萌の厳しい波浪から今も港と都市を守り続けている。

所在地　北海道留萌市

◆現地を訪れるなら◆

ＪＲ小樽築港駅の近くにはウィングベイ小樽という施設がある。飲食店街もあり、昼食にはリーズナブルな回転寿司がお勧め。この施設のランドマークとなっているのが、レインボークルーザーと名づけられた観覧車である。最上部は高さ約六〇メートルあり点灯したイルミネーションが風景に映えて美しい。ただし現在は動いてないので乗ることはできない。

Engineering's Heritage

【秋田県秋田市】藤倉ダム

秋田水道発祥の地

日本三大美堰堤

　秋田市の北東約一〇キロメートル、雄物川の支流である旭川の上流の藤倉の地に、堰堤を流れ落ちる水紋がとても美しい藤倉ダムがある。正式には藤倉水源地水道施設といい、一九〇三（明治三六）年に着工し、一九一一（明治四四）年に完成した。東北地方では、その二年前に完成した青森県むつ市の大湊第一水源地堰堤に次いで二番目に古い水道用のダムである。

　秋田市民の水を担った藤倉ダムは七〇年近くの永きにわたり活躍したものの、秋田市の水道拡張計画に伴う雄物川への水源の切り替えにより、一九七三（昭和四八）年に取水が停止された。沈殿池のあった場所は、藤倉記念公園として整備され親しまれている。ダムは都市の喧騒空間から離れ、四季折々に変化する自然景観の中に鎮座しており、堰堤《えんてい》を越流する逞しい水

赤い橋と藤倉ダム

藤倉ダムの全景（提供：秋田市上下水道局）

音が静寂な中に響きわたっていた。近隣には秋田市が整備したレクリエーション施設などがあり、市民をはじめ当地区を来訪する人は多く、春の花見シーズンは特に盛況であるという。

一九八五（昭和六〇）年に近代水道一〇〇選に選ばれ、一九九三（平成五）年には全国で初めて近代建造物の重要文化財である近代化遺産として指定された。大分県の白水ダムと愛知県の長篠堰堤余水吐《よすいばき》とともに日本三大美堰堤の一つといわれている。

建設当時の藤倉ダムは、全国で四番目の規模であった。なぜこの秋田の地に、そのような規模のダムが必要だったのだろうか。

生活水の危機的悪化

かつて秋田が久保田と呼ばれていた江戸時代、人々は井戸水と町の中央を貫流する旭川の流水を生活用水としていた。そのため藩では水量と水質を確保するため、井戸の修理・浚渫《しゅんせつ》・ろ過を行い、山林を保護し、旭川川岸の人家の建築を制限するなどの配慮をしていた。しかし、明治維新後その制度が崩れ、河川の維持管理がおろそかになった。その結果、秋田市の水の生命線である旭川には、生活雑排水が混入して水質が悪化した。また水量も減少し、特に冬季の水量不足は消防上の支障となった。さらに井戸にも汚水が浸透し、衛生上の問題発生が危惧された。生活用水に窮するようになって、人々は飲料水の水質改善と水量確保の重要性を認識するようになった。

　実際、一八八六（明治一九）年には、全戸数の過半数に達する約三五〇〇戸の家屋を焼失する大火と、県内の患者が約四八〇〇人にものぼるコレラが大流行している。

藤倉記念公園となっている沈殿池跡地

佐伯父子の水道計画

　このような状況の中、まず民間人による水道施設の計画が立案された。

　一八七四（明治七）年、東京から移住した企業家柴村藤次郎と吉岡重次郎が水道敷設を計画した。しかし、無料であった水が有料になることもあってか、住民の理解が得られず着工に至らなかった。

同時期、秋田の柳谷安太郎ら三七名も水道会社の設立を計画するも、賛同者が少なかったため実現しなかった。

　一八八八（明治二一）年には、秋田の富豪佐伯孫三郎と貞治父子が私財を投じ、旭川の上流を水源地と定める水道敷設計画を県に出願し許可された。父子は各地の水道施設を視察し、布引ダムを含む神戸市の水道施設の設計を行った

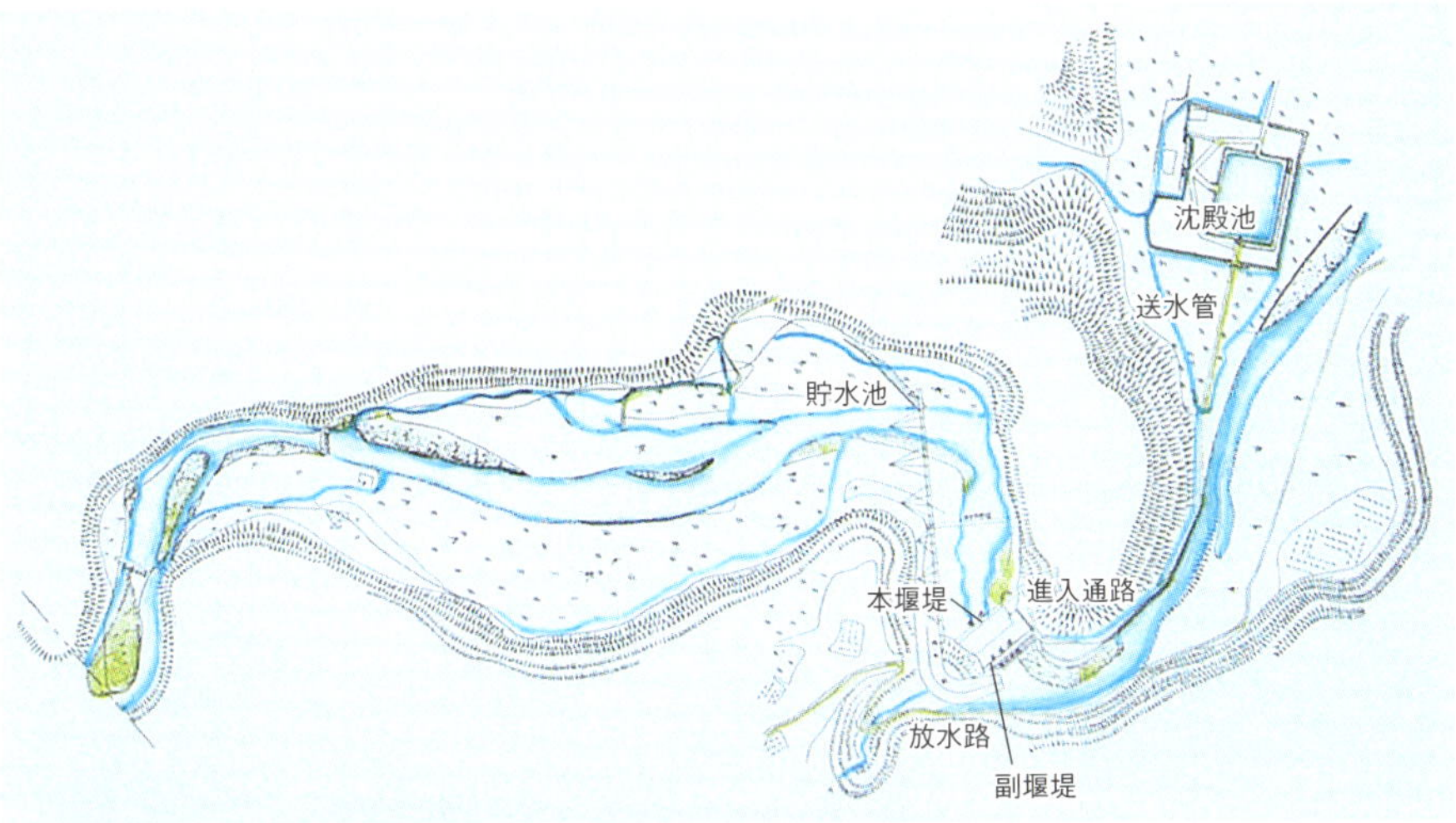

藤倉ダム概要図（出典：現地案内板）

1905（明治38）年10月の築造風景（提供：秋田市上下水道局）

イギリス人技師W・K・バルトンの指導を仰ぎ、計画書を作成した。計画は実行に移されたが、父子の財政破綻から事業は断念せざるを得なかった。それまでの調査・設計資料は、翌年に誕生した秋田市に寄贈された。この父子の存在は、藤倉ダムの実現に大きな影響を与えたものと考えられる。

秋田市の英断

その後は、秋田市が水道事業を市の直轄で行うこととし、水道創設委員会などを設置していくつかの水道敷設を計画するが、大火や水害などで市の財政が逼迫し、いずれも実現に至っていない。

一八九九（明治三二）年になり、秋田市は内務省に技師の派遣を要請した。一度はバルトンに決定されるも、同氏の死亡により内務省土木局技師中島鋭治が派遣されることとなった。鋭治は旭川上流地域の詳細な現地調査を行い、水源地として藤倉の地を決定し、沈殿池、ろ過池、浄水池などの築造計画が完成した。

秋田市は一九〇三（明治三六）年八月に、内務省より藤倉ダムの事業許可を得たが、国庫補助を得られないまま一〇月に着工している。当時の大規模社会基盤整備のほとんどが、国直轄・国庫補助の形で進められており、独自に浄水施設事業を実施した希有な事例である。着工後であっても国庫補助がありうるとの意向が示されて、実際に後年、補助が交付されている。

実は一八九八（明治三一）年に陸軍歩兵連隊が秋田市内に移駐している。それにより、秋田市は市民約二万九千人に加え兵員約二千人の合計三万一千人分の生活用水を確保しなければならなかった。また、明治三〇年代半ばに奥羽線が全線開通する見通しとなり、停車場での用水が必要になるとともに、さらなる人口増加が予測された。これにより、水道敷設は早急に取り組まなければならない課題となった。秋田市が全国四番目の規模となる藤倉ダムを必要とし、市単独で工事に着手した理由はここにあるのではないだろうか。当時の秋田市の財政規模を大きく上回る一大事業に市単独で着手したことは、英断であったに違いない。

藤倉ダムは、日露戦争（一九〇四～一九〇五年）や豪雨による施設流失などの影響で工事が遅れたものの、一九一一年八月に完成した。

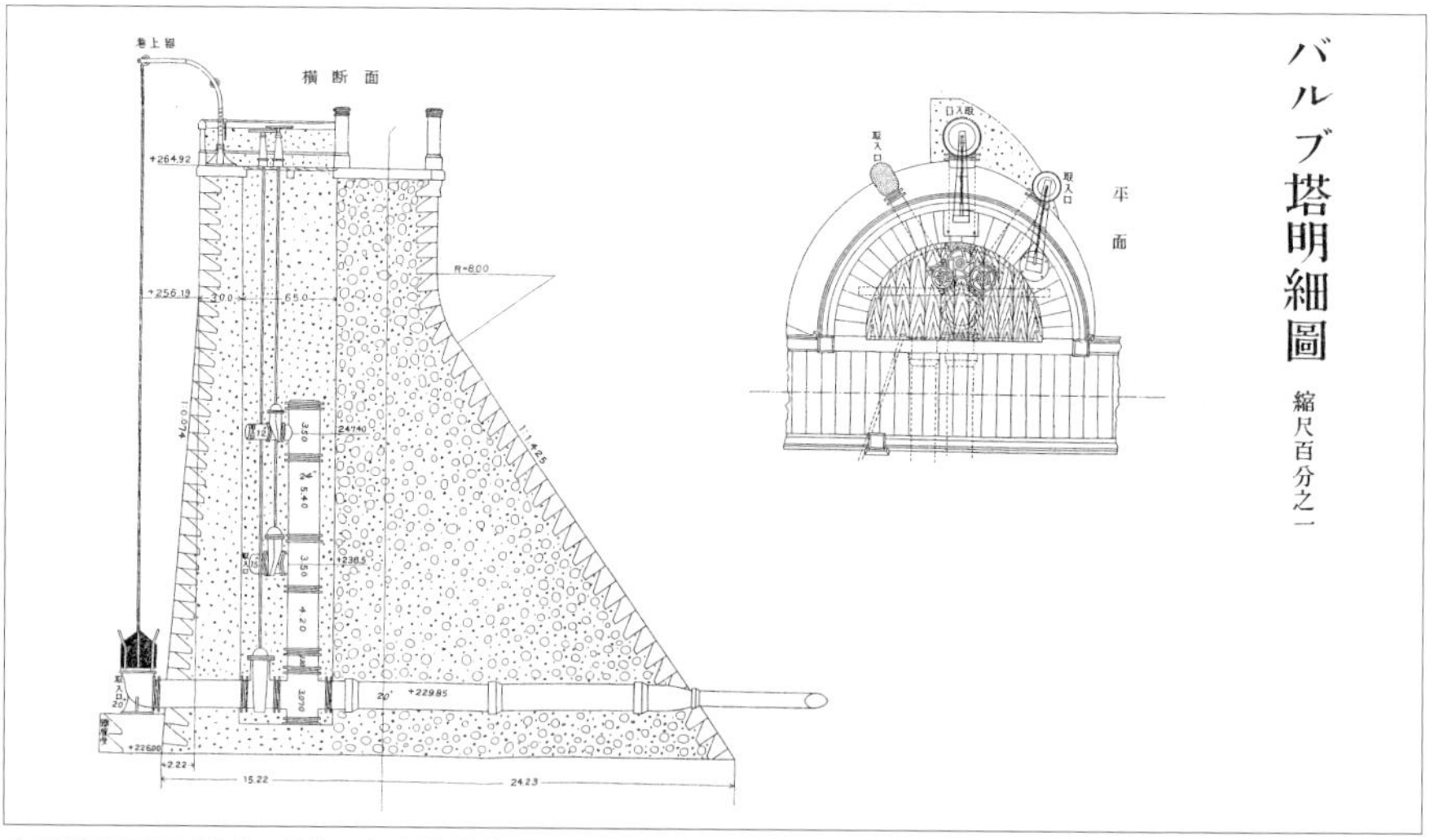

本堰堤断面図（出典：『秋田市水道誌』）

本堰堤と管理用の橋

美しい水流の下には

現在藤倉ダムは、本堰堤、副堰堤、放水路、護岸工、堤上架橋が原型をとどめているが、砂防堤や流材防備工は確認できない。

ダムは当初、川の流れを簡易な堤防で堰き止め、これを水源地とする計画であったが、内務省より渇水期における水量に不安があるとの指摘を受け、一九〇二（明治三五）年に堰堤を構築する計画に変更している。これが藤倉ダムと呼ばれる重力式粗石コンクリートダムの本堰堤で、高さ一六・三メートル、頂部の長さ六五・一メートル、上部幅二・一メートル、越流部の高さ一〇・二メートル、越流部の長さ二九・七メートルの規模である。堰堤表面に張られた粗石が、美しい水流を造形している。堰堤基礎において、計画では掘削を一メートル未満と想定していたものの、実際に

本堰堤の下にある副堰堤

かつて木橋が架けられていた放水路の堰と護岸

は岩盤まで六メートルの箇所があり、掘削土量やコンクリート量が増大し、工期延長と予算変更を余儀なくされた。

本堰堤の下流二〇メートルには、高さ二・一メートル、長さ二八・六メートルの副堰堤を有している。これは本堰堤から落下する水の衝撃力により水叩き部が洗掘によって破壊されるのを防止するためである。左岸には玉石を積んだ護岸工がある。洪水時は本堰堤の越流だけでは増加した水量に対応できないため、本堰堤の右岸側の岩盤を掘削し、本堰堤より〇・九一メートル低くした放水路を設置した。放水路の延長は約一二〇メートル、幅は約一五メートル、間知石《けんち》（前面がほぼ方形で角錐形をした石）による護岸工を施し、底面には切り石と玉石を敷き詰めた。放水路には高さ〇・九メートルの堰を設け、通常時は四カ所の角落しにより流量調整をし、洪水時にはこれを撤去して放水し、流木の流下にも対応した。角落しの対応に木橋が架けられていたが、現存していない。

藤倉ダムは国有林に取り囲まれた位置にあり、伐採された流木により堰堤が被害を蒙ったため、現在は見ることができないものの、流材防備工を設けている。これは木材で造った長さ二・七メートル、幅一・八メートルの箱船型防材を延長約一五〇メートルにわたって連結した特異な構造で、ワイヤーロープで水底のコンクリート塊につないでいた。

また、貯水池の土砂の堆積を防ぐため、上流部三カ所に防砂堤を設けた。延長は下流側からそれぞれ約五四メートル、二〇メートル、五四メートルで、上流側一割、下流側二割の勾配の玉石を張った構造であった。現在は河道内に埋没していると思われる。

そのほか、本堰堤上部に一九一一（明治四四）年完成した管理用の橋は、長さ三〇・六メートル、幅約一・七メートルの曲弦ワーレントラス橋である。当初は越流部に七つの橋脚を設け、鉄筋コンクリート橋を造る計画であったが、洪水時の流木の衝突により施工中の橋脚が破壊されたため、現在の形式のものに変更された。真っ赤な管理用の橋は現役であり、原位置に存在する道路トラス橋としては日本最古のものである。

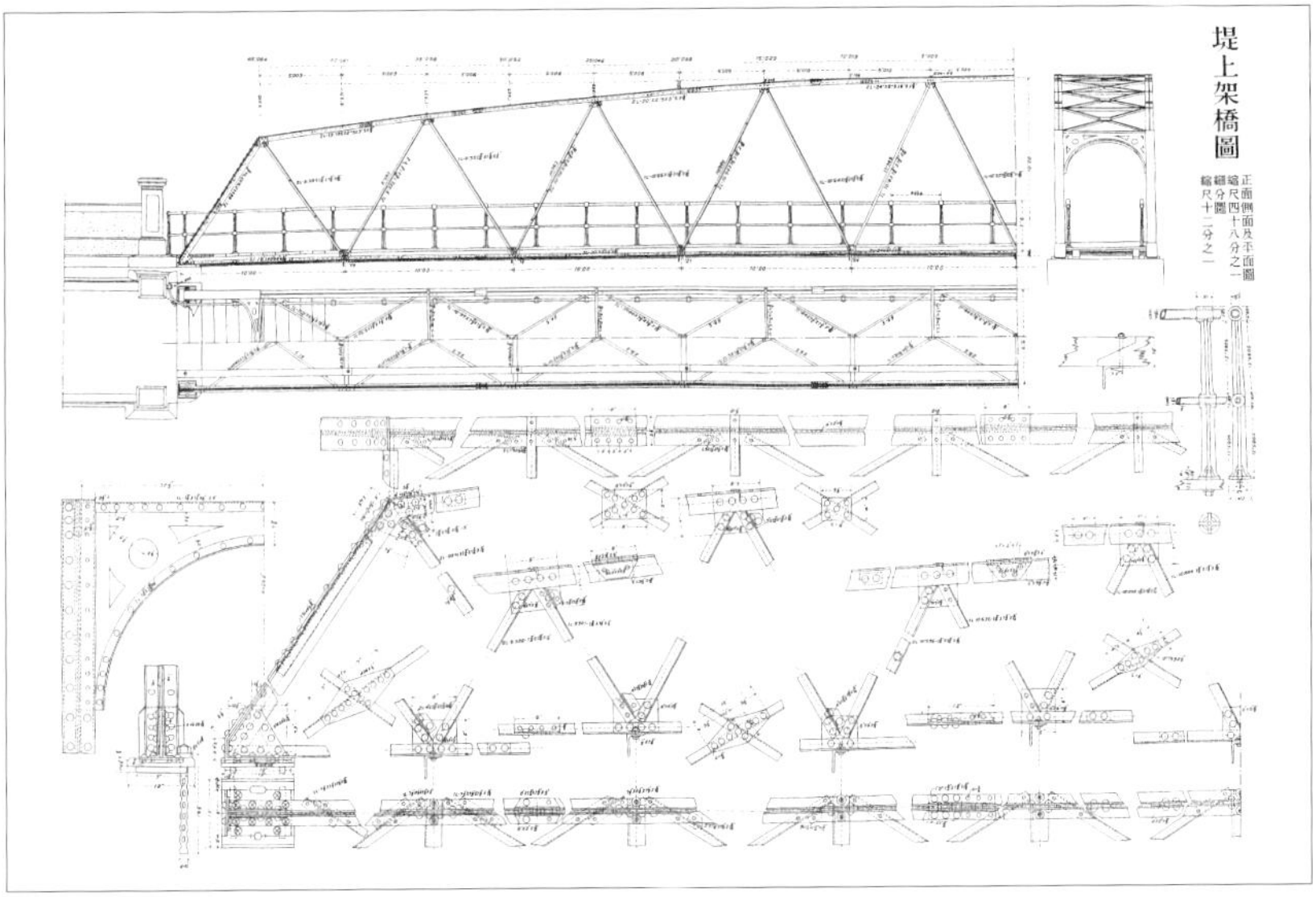

管理用の橋の構造図（出典：『秋田市水道誌』）

本堰堤左岸側には、取水設備のある半円形の突出部となるバルブ塔がある。この半円形の構造は、流木の衝突から取水口を保護する形状であり、巻上機と一体となったそのデザインは、今でも目を引く存在である。

このように藤倉ダムの施設には、当時の日本の土木技術が駆使されており、先人たちの偉業を今に伝えている。

管理用の橋

水源に適した地

ところで、鋭治が水源地として旭川の藤倉を選んだ理由はなんだったのだろうか。それは、旭川の上流の民家が三二戸と少なく、住民は林業（きこり）で生計を立てる傍ら農業を営む状況であったことが最も大きいようである。人家や耕地が少なければ、生活雑排水が貯水池に流入する機会が少ないと考えられ、仮にそうでなくても、住民を移転させることが比較的容易であったからである。さらに、旭川筋には魚介が少なく、漁業が営まれなかったことも要因だったと考えられる。そのためか、藤倉ダムには魚道施設が設けられていない。

水の安定供給の誓い

藤倉ダムは一九七三年の取水停止後、放置状態で年数を重ね、ダム本体の老朽化が進行していたこともあり、建設省から原状回復としてダム撤去が通達された。これに対し、秋田市上下水道局、地元有識者、秋田市民の間で、秋田市民の貴重な歴史資産で

上流側の貯水池と管理用の橋

あり、未来に残すべきであるという気運が高まった。結果的に撤去は回避され、貴重な近代遺産は存続することとなった。この時期、旭川の汚濁は進み、一時は市街地を流れる汚い川といった印象が強かったが、下水道整備の進展や市の一斉クリーンアップ活動の実施により、現在は清らかな流れに戻っている。藤倉ダムは、その施設が有する歴史的価値だけではなく、長く続いた飲料水の苦悩から秋田市民を救済してくれた施設としての位置づけを強く感じさせる存在である。

秋田市では、一九〇七（明治四〇）年に藤倉の水が上水道の一部として供給が開始されているため、二〇〇七年を水道一〇〇周年として位置づけた。藤倉ダムは秋田水道発祥の地としてPRされており、沈殿池跡地の藤倉記念公園の記念碑には以下の文字が刻まれている。

「秋田市の水道事業は、明治四〇年一〇月一日ここ藤倉を水源とし、近代水道としては、東北で初めて通水を開始した。以来、清浄な水を市民に送りつづけ、通水一〇〇周年を迎えた今日、将来にわたり安全な水を安定的に供給することを誓いながら（略）」

現地へのアクセス

■ JR奥羽本線「秋田駅」からバス「仁別リゾート公園線」乗車28分「釣りセンター前」下車。徒歩10分。
■ 秋田自動車道「秋田中央IC」から車で約20分。

同設計者施設

駒沢給水塔

多摩川の水を渋谷の町に送るための駒沢給水塔

関東大震災を挟んで一九二四（大正一三）年に完成した駒沢給水塔は、西欧の中世風の趣きを持ち、独特なデザインの二基の巨大塔である。高さは約三〇メートル、内径は十数メートル。塔には王冠を連想させる装飾電球が付けられ、軽やかな特徴あるトラス橋で両塔が結ばれている。この独特な設計は二度のヨーロッパ出張で得た中島鋭治の卓越した土木建築デザイン感覚によるものである。二〇〇二（平成一四）年、都水道局は塔の装飾球の復元やトラス橋の全面塗装を行った。

所在地　東京都世田谷区

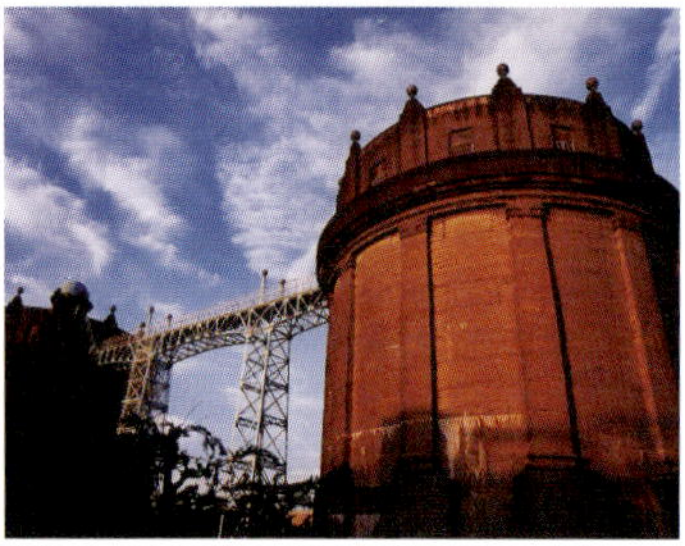

（提供：駒沢給水塔風景資産保存会）

近隣土木施設

船川港第二船入場防波堤

大正・昭和初期の技術の面影を留める石積み防波堤

船川港は、古来、北西の風を遮る風待港として利用されていた。一九一一（明治四四）年から外国貿易港へと踏み出すための整備が始まり、船川防波堤、船川第一船入場防波堤、船川第二船入場防波堤と三カ所の防波堤が建造された。現在、比較的よく原形をとどめているのが一九三〇（昭和五）年に完成した全長三六三・六メートルの第二船入場防波堤である。男鹿石を使った間知石積みのこの防波堤は、北側三一一メートルと南側五一メートルが残り、今でも護岸設備として活躍している。

所在地　秋田県男鹿市

【南側】

【北側】

類似土木施設

白水ダム

日本三大美堰堤の白い流れ

大分県の土木技師・小野安夫の設計により一九三八（昭和一三）年に完成した白水ダムは、堰堤の長さ八七・三メートル、堤高一三・九メートル、貯水量約六〇万立方メートルの小振りの重力式ダムで、正式名称を「白水溜池堰堤水利施設」という。周辺地域の約四〇〇ヘクタールの水田や畑地を潤す用水路（井路）の貯水池として建設された。堰堤を越流する水が白い波となって流れ落ちていく様子は「白いカーテン」とたとえられることが多い。

所在地　大分県竹田市

◆現地を訪れるなら◆

藤倉ダムの三〇〇メートル下流にある藤倉記念公園は、かつての沈殿池跡だ。桜が植えられ、芝生敷きで、駐車場やあずまやも整備されている。その駐車場に車を止め、藤倉ダムへ向う道を進むと、「カンちゃん」が出迎えてくれる。秋田市上下水道局のマスコットキャラクターで本名は『水乃環太朗』。通水一〇〇周年記念像でもある。

Engineering's Heritage

【宮城県岩沼市〜石巻市】貞山運河

仙台藩経済の大動脈

日本で最も長い運河

貞山《ていざん》運河とは、初代仙台藩主伊達政宗の時代の一五九七（慶長二）年から一八八四（明治七）年にかけて、大きく四つの時期に建設された海岸線沿いの内陸運河である。仙台湾の海岸線約一三〇キロメートルのうち四九キロメートルにもおよび、旧北上川から松島湾を経由して阿武隈川に至る日本で最も長い運河である。

最初に着手されたのが、阿武隈川河口の蒲崎《かばさき》から名取川河口の閖上《ゆりあげ》に至る一五キロメートル区間で、「木曳堀《こびきぼり》」と呼ばれている。政宗の晩年から二代忠宗の時代に、伊達家に仕えた川村孫兵衛重吉《しげよし》が手がけた。次に着手したのが、七北田川河口の蒲生から塩釜港までの七キロメートル区間で、「舟入堀《ふないりぼり》」と呼ばれる。三番目に完成したのは木曳堀と舟入堀の間の九・五キロメートル区間で、天保年間（一八三〇〜一八四三年）に計画されていたが実行されず、工事が行われたのは明治に入ってからであった。この工事は明治維新に士族の救民事業として行われたもので、一八七二（明治五）年に完成し、「新堀《しんぼり》」と呼ばれた。

貞山運河の位置図（作製：松村憲勇）

最後は、明治政府による野蒜《のびる》築港事業として、一八

名取川・貞山運河と名取谷地（写真：宮城県／国際航業株式会社）

八一（明治一四）年に完成した旧北上川から鳴瀬川間一三・九キロメートルの「北上運河」と、一八八四（明治一七）年に完成した鳴瀬川と松島湾の間三・六キロメートルの「東名《とうな》運河」である。いずれも河幅は二〇～六〇メートルである。

貞山運河という名称は、一八八一（明治一四）年に塩釜から阿武隈川までの間に位置する木曳堀、舟入堀、新堀の改修を行った際、当時の宮城県土木課長早川智寛《ともひろ》が政宗の諡《おくりな》「貞山」（生前の行跡に基づいて死後に贈られた名）にちなんで、これらの堀の総称として命名したものである。ここでは阿武隈川から旧北上川までの五つの運河を総称して貞山運河と呼ぶが、野蒜築港事業に係わる旧北上川から松島湾までの北上運河と東名運河は、貞山運河とは区別することもある。

周囲を海に囲まれた山地の多い日本列島。鉄道が整備される明治までは海や川を利用した舟運が大量の物資を運ぶ唯一の輸送手段であった。江戸初期は商業の中心地であった大坂や政治の中心地であった江戸へ、地方の物資を輸送するための港湾施設が各地に整備され、海上輸送が飛躍的に発達した時期である。後年、仙台藩としても商人で土木事業家であった河村瑞軒《ずいけん》が開発した東廻り航路を利用し、千石船で大量の物資を

阿武隈川合流点付近から見る木曳堀

江戸へ運ぶことが可能となり、集散地となった石巻港は大いに栄えた港湾都市であった。

なぜ仙台藩は、近くに海路があるにもかかわらず、海岸線に平行した大規模な内陸運河を必要としたのだろうか。

伊達政宗の経済センス

一六一五（元和元）年、大坂夏の陣が終わった頃から、政宗は藩内改革に精力を集中し新田開発や治水に力を入れていくことになる。重吉に命じた木曳堀の整備は、舟運確保と名取川と阿武隈川の間にある名取谷地を開発することであった。この名取谷地といわれる湿原地帯に沿った運河の掘削は排水路として機能し、新たに三千ヘクタールの農地と洪水被害の軽減を生み出すことになる。

仙台藩は石高六二万石であり、領地は本領二一郡に及び、北は現在の岩手県の江刺郡から南は福島県の宇田郡の一部にわたっていた。政宗は、積極的に藩内の新田開発に力を入れたことにより、実際の石高は一〇〇万石を超えていたといわれている。藩内で消費しない余剰米を藩が買い上げ、江戸へ海上輸送して販売することで仙台藩は莫大な利益を得た。最盛期には三〇万石前後も江戸へ送り、江戸で消費される米の二〜三割を仙台米が占めたという。

このため藩内の物資を石巻港を基点に集散し、また

仙台港浚渫時に埋め立てられた舟入堀

仙台城に輸送するための安定した輸送手段を確保することは、藩として最も重要な政策であった。つまり、北上川や阿武隈川の舟運を利用して運んできた藩米や物資を、安全で容易に仙台や石巻に輸送するには、風

水面と松林の連続が美しい景観を作っている北上運河

や波が強く川舟の航行には不向きな海洋を通らず、内陸舟運だけで輸送ができるようにすることが求められたのである。それには、海岸線付近で藩内を流れる大河川を結節するための内陸運河を掘削する必要があった。

また、政宗の治水事業として特筆すべきものは、一六二三（元和九）年から四年の歳月をかけた北上川の改修である。河道が一定せず流域に広大な低湿地を抱えていた北上川を江合《えあい》川、迫《はざま》川と合流させ、石巻港へ流すことで農地開発と治水と舟運への活用を図った事業である。この事業も重吉が手がけた。仙台藩が行った三大治水工事のうち北上川の改修、貞山運河の整備と二つまでがこの安定した舟

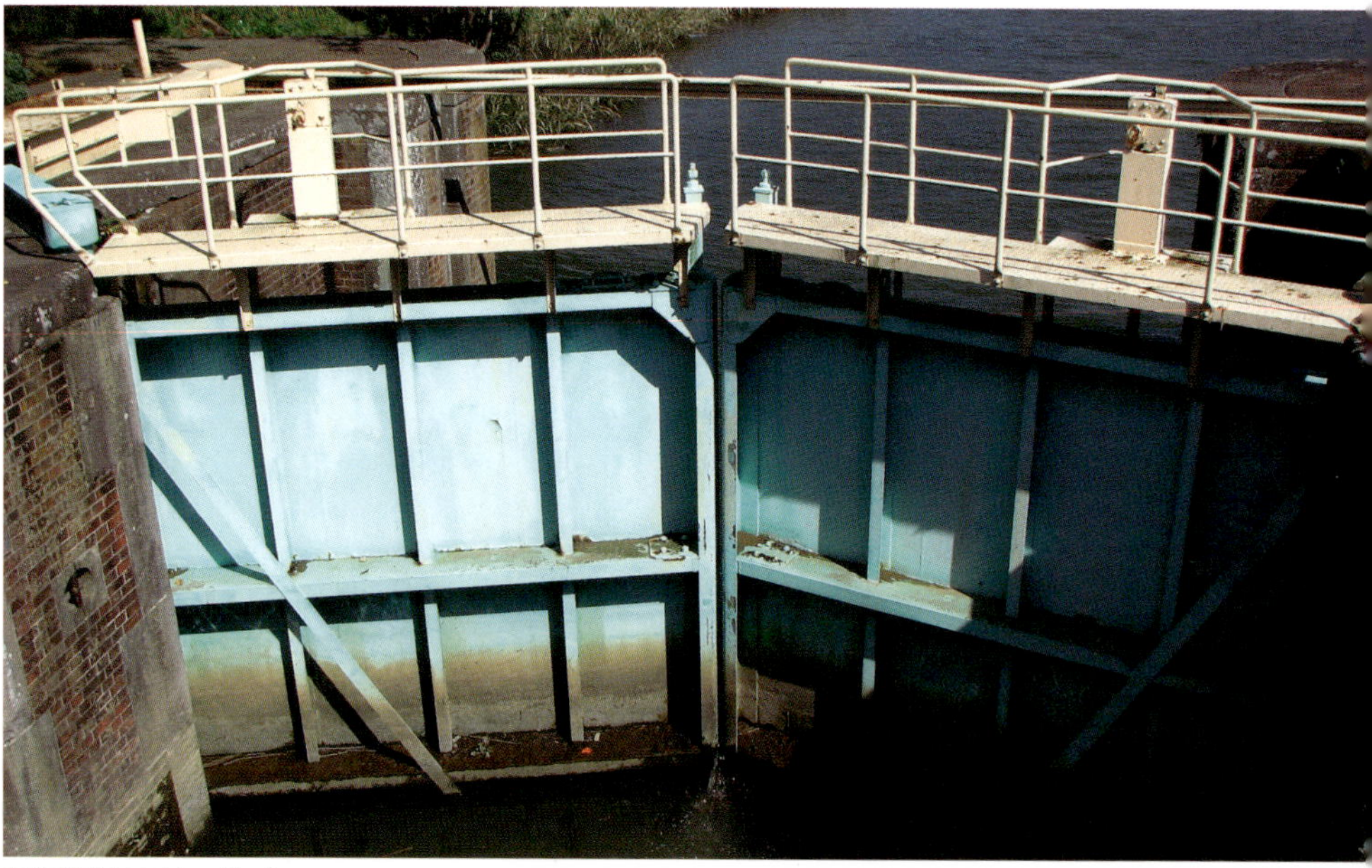

石井閘門とマイターゲート

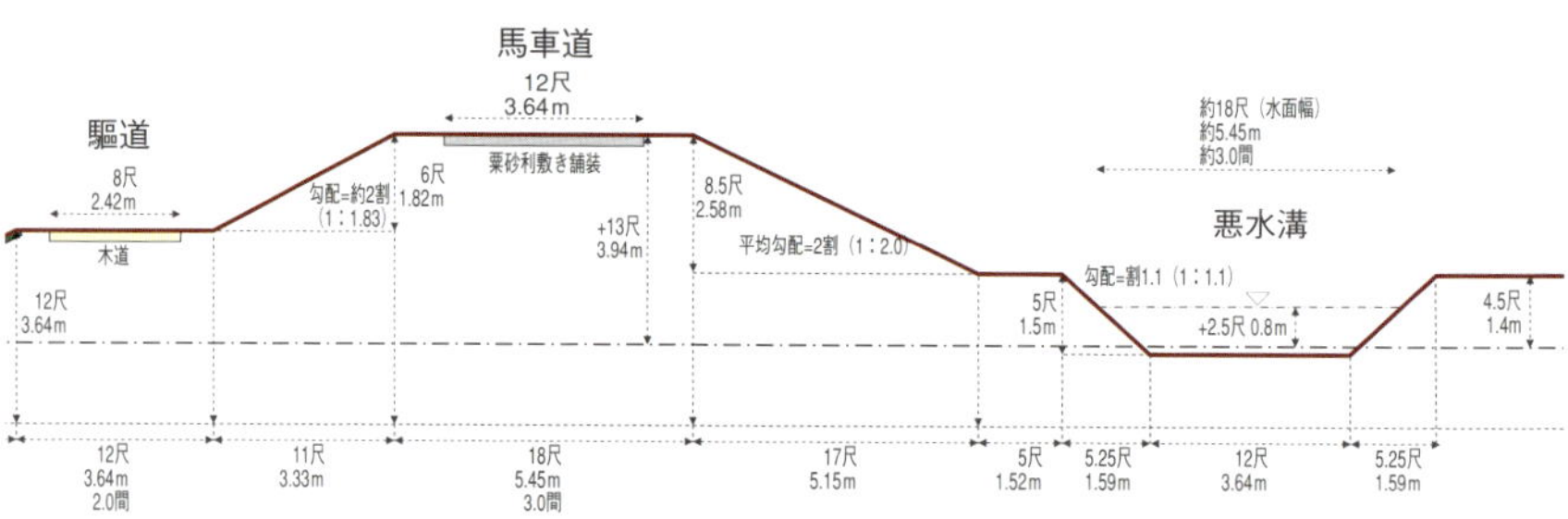

＊1：北上川運河入口及び高屋敷悪水溝、定川、その他所要の地に量水標を設置し、各水位観測の毎時観測水位を測定し、零点平均水位面を19ヶ月間の最低水位（夏期渇水期）とした。

運を確保するためのものであったことは着目すべき点である。

そして、政宗や重吉の構想には、さらに北上川と塩釜港を結び、北上川から阿武隈川までを結ぶ壮大な舟運ネットワークを構築する計画があった。しかしその完成は明治の大久保利通の登場まで待たなければならなかった。

政宗の意思を受け継ぐ大久保利通

殖産興業や富国強兵策のもと、新たな国造りを始めようとしていた明治政府は、一八七四（明治七）年に『殖産興業ニ関スル建議』を唱え東北六県に意見を求めた。初代内務卿大久保利通は、一八七五（明治八）年に要望が強かった築港計画のために北上川河口部などを視察した。翌年、利通はオランダ人技術者ファン・ドールンらに石巻湾での築港の調査を命じ、「北上川河口は流下土砂が多く不適当であり、他の港湾も比較した結果、野蒜が適地である」との報告を受けたため、野蒜の地に港を造ることを決定した。

利通のこのときの東北地方開発の運輸構想は、奇しくも政宗が計画した貞山運河構想と同様、北上川と阿武隈川を結んだ舟運の大動脈を造ろうと考えたのである。野蒜港を起点に北上運河と東名運河を掘削し、岩手県の北上川から福島県の阿賀野川を結び、一部陸路を経て日本海に至るという東北地方の一大物流ネットワーク計画の構築であった。一八七八（明治一一）年に『一般殖産及華士族授産ノ儀ニ付伺』の建議を行った利通は、不平士族が多く未開発の資源が豊富な東北地方に七大事業を提言し、大運河ネットワーク構想の効果を説いたという。そして、直ちに内務省直轄の国家事業として閣議決定され野蒜築港を含む事業が進められ

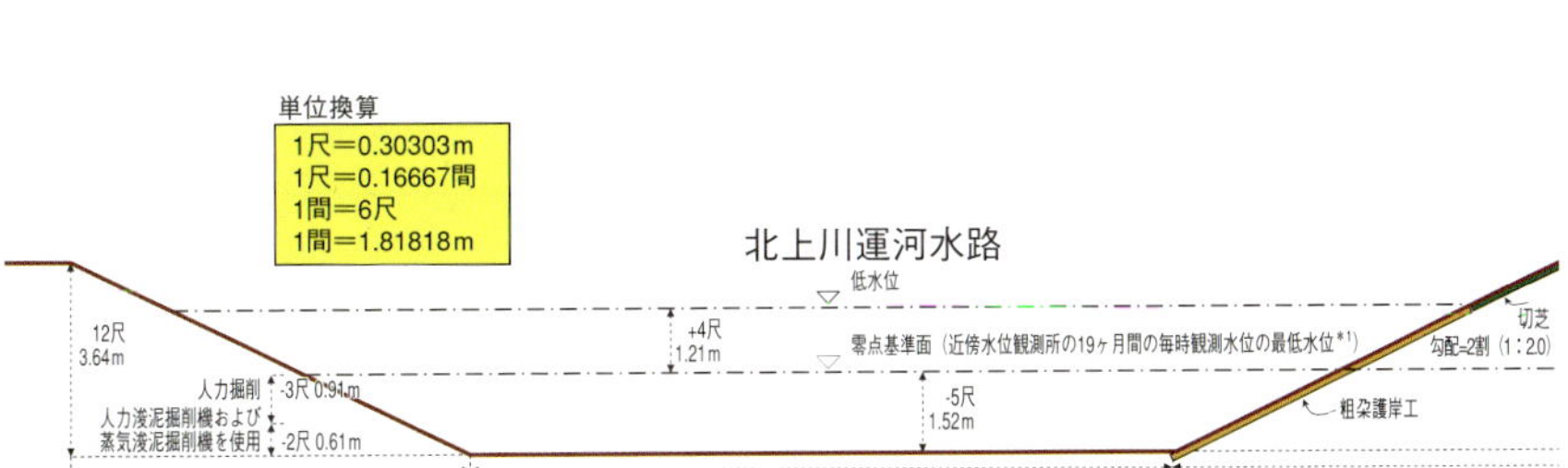

北上運河断面図（作製：平田潔）

たが、同年五月一四日、利通は刺客の手に掛かり暗殺されてしまった。

しかし、この事業は内務省において引き継がれ、中断することもなく北上運河の掘削から着手されたのである。これは、日本の中心的な輸出品である絹糸を一日でも早くアメリカに輸出するという、国際貿易の政策に基づいて手がけられた日本最初の近代港湾施設の建設である。

夢破れた殖産興業の名残り

明治の三大築港とは、宮城県東松島市の野蒜港、福井県坂井市の三国港、そして熊本県宇城市の三角港である。野蒜築港は二期に分けて着手される予定であった。第一期工事は大波の衝撃を防止し港内の安全を守るため、鳴瀬川の河口の両岸に突堤を築き、内港と係船場を造るもので、一八八二（明治一五）年に完成した。第二期工事は宮戸島と野蒜の間に外港を造る計画であった。しかし、外港防波堤ができる前の一八八四（明治一七）年に台風が襲来し、東突堤が流失するという事態になり、内港はその機能を失うことになる。内務省はその復旧を図ったが、外港防波堤の建設に膨

野蒜港に残るレンガ造りの橋台

大な費用を要することや物流も舟運から鉄道へと移行しつつあったことなどから野蒜港の存在意義は見失われてしまった。これにより野蒜港を核とした大運河ネットワーク構想は幻に終わったのである。

しかし、野蒜築港の関連事業として同時に着工していた北上運河と東名運河はすでに完成していた。一八八〇（明治一三）年発布の大蔵省国債局『起業公債並起業景況第三回報告』によると北上運河の利便性として、「掘削した土砂を運んで両岸に長い堤を築き、その堤を馬車道として提供すると、一条の道路と運河がともに出来上がる」「堤防の中腹に、幅十二尺の馬を走らせる道を作り、将来馬に川舟を引かせる」という記述がある。これが見込みどおりに行

野蒜港跡から見た鳴瀬川と東名運河入り口

われれば、船頭の労賃を節約することができる。また、翌年の『工学叢誌《そうし》第六号』の記述から再現した北上運河の設計断面を見るとその内容がよくわかる。かつての舟運においては川上に舟を曳航する場合は両岸から船人足が縄で引っ張っていたが、北上運河ではそれを駆道から馬に引かせようという発想であった。しかし、現在の堤防にはこの駆道の痕跡は見られないため、実際に造られたかどうかは不明である。

野蒜築港事業では、北上川の上流部に運河を掘削し、海洋を通らずに野蒜港と結ぶことで、直接、川舟が野蒜港に到達できるということが最重要目的であった。しかし、北上川と運河を直結すると、北上川の増水や洪水氾濫から運河を守ることができなくなるため、水門の設置は不可欠であった。これが石井閘門《こうもん》である。名前は、内務省土木局長石井省一郎の野蒜築港事業に対する功績をたたえて名付けられた。閘門形式となったの

は、北上川と運河の水位差を調節して川舟を通す必要があったことによる。石井閘門は閘室の長さ五〇・六メートル、幅八・一メートル、観音開きタイプのマイターゲート形式という日本で最初の大規模な閘門である。二〇〇三（平成一五）年五月に国の重要文化財としての指定を受けている。

東日本大震災による大津波により一変した。幸いにも運河自体には大きな被害はなかったが、沿川の松林や建物は壊滅的な被害を受け、現在は復興途中にある。修復中の石井閘門付近では、震災前同様、カヌーやボートトレースの練習場として市民が利用する姿も見られた。

原風景をもう一度

明治以降、鉄道や道路の整備により舟運による物資の輸送量が減少したことから、貞山運河も維持管理されることなく放置された時期が続いた。今日では、ほとんどが排水路としての機能だけになってしまった運河であるが、かつて日本の各地において見られた貴重な舟運の遺産は親水空間として市民に愛されてきた。だが、運河の水面と岸辺に続く松林によって創り出された素晴らしい景観は、二〇一一（平成二三）年三月一一日の

仙台空港から飛び立つ飛行機と木曳堀

南蒲生下水処理場付近の新堀

仙台空港に隣接している木曳堀では、歴史的な内陸舟運の遺産と最も近代的な航空運輸が併存している姿を見られ、感慨深いものがある。

貞山運河は、約一二〇年前となる一八九六（明治二九）年六月一五日にも明治三陸地震による大津波を経験し、それ以外でも小さな津波に何回か襲われている。しかしその都度、運河は蘇ってきた。現在も生き続けている貞山運河は、今後も未来につないでいくべき貴重な土木遺産といえる。

まだ運河沿川周辺の景観は震災の傷跡を残しているが、市民に愛される貴重な親水空間が在りし日の姿を取り戻すことを切に願わずにはいられない。

東日本大震災から２年半後の仙台空港近くの木曳堀

現地へのアクセス（石井閘門）

■ JR石巻線「石巻駅」からバス「飯野川行き」乗車8分「新境町」下車。徒歩5分。
■ JR仙石線「陸前山下駅」から徒歩15分。

同設計者施設

江戸城の外濠・神田川（仙台堀）

仙台藩が普請

徳川家康の江戸開府後、神田山を切り崩し、日比谷付近にまで入り込んでいた入り江の埋め立てが盛んに行われた。その結果、当時流れていた平川の下流で、洪水が頻発するようになった。その洪水防止と、江戸城外堀の役割を果たすものとして、現在の飯田橋から隅田川に流れ至る神田川を開削した。工事の一部が仙台藩によって行われたため、その場所を仙台堀と呼ぶようになった。それは、飯田橋駅近くの「牛込橋」から秋葉原駅近くの「和泉橋」までの約三キロメートル余りとされている。

所在地　東京都千代田区

近隣土木施設

仙台市煉瓦下水道

完成後一〇〇年以上となる現役の煉瓦下水道施設

仙台市煉瓦下水道は伊達政宗の時代から約九〇年を要して築かれた「四ツ谷用水」が始まりといわれる。明治時代に入り、下水道の必要性が高まったことを受け、一八九三（明治二六）年には明治政府が招聘したバルトンや中島鋭治東京帝国大学教授の指導の下、市域全体を対象に日本で初めて、雨水流出量を算出して下水道の設計を行った。一九〇〇（明治三三）年に完成した時の煉瓦下水道理論や技術開発は現代へと引き継がれ、一〇〇年以上を経た現在でも健全な状態で使用されている。

所在地　宮城県仙台市

（提供：仙台市建設局）

類似土木施設

小名木川

戦国大名が造らせた物資輸送のための運河

小名木川は、隅田川から旧中川まで東西に東京都江東区を横断している延長四六四〇メートルの一級河川。一五九〇（天正一八）年の徳川家康の江戸入城に伴い、多くの物資が諸国から江戸へ送られるようになり、その輸送水路を含めた都市基盤整備が進められた。小名木川は、千葉県行徳の塩などの物資を江戸へ輸送する必要から、家康の命により小名木四郎兵衛が開削したといわれている。江戸が大都市になるにつれ、一六二九（寛永六）年に川幅を拡げ、船番所を設け航行する船舶を監視していた。

所在地　東京都江東区

◆現地を訪れるなら◆

貞山運河を造った伊達政宗。彼が築城した仙台城は、青葉山の一角にあったことから青葉城とも呼ばれる。石垣などに城の面影が残り、現在は公園。仙台市街地を一望できる場所に、伊達政宗の騎馬像が建つ。敷地内にある青葉城資料展示館もお勧め。特に一五分程のハイビジョンシアターは、仙台城の造りや歴史説明がとてもわかりやすく映像も綺麗。残念ながら、貞山運河の説明はない。

【東京都羽村市〜新宿区】
玉川上水
お江戸を潤す

四三キロメートルをたった八カ月で

玉川上水は、多摩川の水を羽村（現在の東京都羽村市）から四谷大木戸（現在の東京都新宿区）まで運ぶ約四三キロメートル、平均勾配約〇・二パーセントの水路である。四谷大木戸から先は、地下に石や木で作った樋を設置して、江戸城や江戸市中へと水を供給していた。人々は枡や上水の井戸から水を汲み上げて利用していた。

現在の玉川上水は、羽村取水口から請願院橋（東京都立川市）までの「上流部」約一二キロメートル、浅間橋（東京都杉並区）までの「中流部」約一八キロメートル、四谷大木戸までの「下流部」約一三キロメートルで、特徴が異なっている。

上流部は今でも東京都水道局の水道源導水路として活用され、請願院橋付近から毎秒八立方メートルの水を地下の送水管により、一九二四（大正一三）年に完成した村山貯

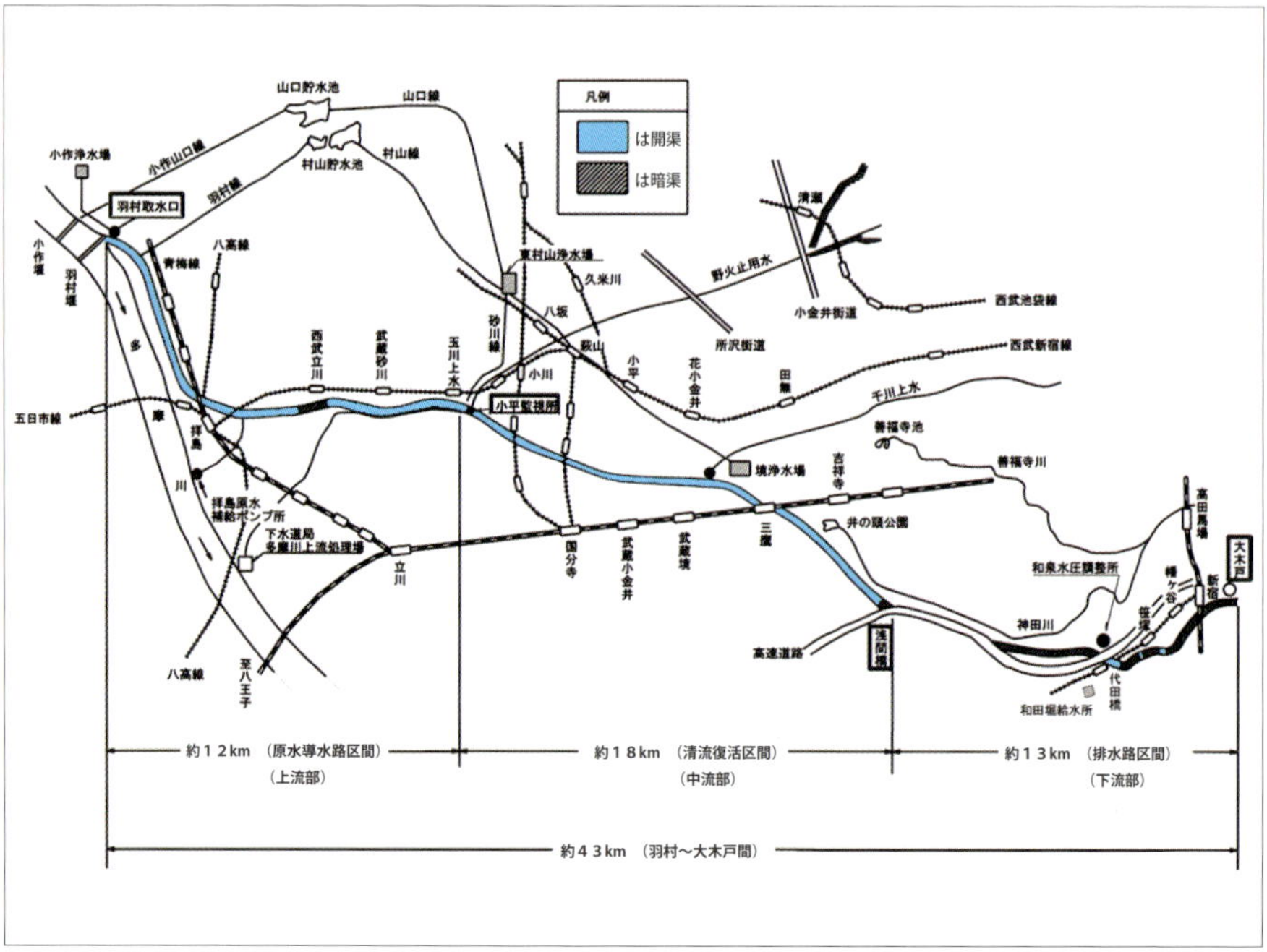

玉川上水概況図（出典：東京都水道局ホームページ）

中流部（小平市）の樹木が成育し緑陰が深い散策路

水池（東京都東大和市）へ送っている。中流部は清流復活事業により高度二次処理下水が流れ、側道が散策路として利用されている。これに対し、下流部は水も流れていない状態で、一部は排水路として神田川に合流しほとんどが暗渠《あんきょ》化されており、上部空間は公園や遊歩道として利用されている。

このように現在の玉川上水で当時の機能や形状が残されている区間は上流部のみで、中流部は開渠ではあるが上水施設としての機能は残していないものの、玉川上水の上流部と中流部の三〇キロメートルは、二〇〇三（平成一五）年、文化財保護法に基づく国の史跡に指定された。その理由として、三五〇年前の優れた土木技術を伝える土木遺産であり、日本の土木史の中でも重要な位置を占めるものであること、近世都市江戸における給水施設として重要な役割を果たしていたこと、武蔵野の灌漑用水としての役割を果たしたことが挙げられている。

玉川上水の建設は町人の庄右衛門と清右衛門兄弟によって行われた。工事は途中で頓挫しかけるものの、武蔵川越藩士の技師である安松金右衛門の助力で完成させたといわれている。

玉川上水の建設は、一六五三（承応二）年四月に

多摩川の羽村取水堰

着工し、羽村から四谷大木戸までの約四三キロメートル（一〇里三〇町）を同年一一月に完成し、翌年六月には江戸市中の主な配管工事を終えたとされている。これは、当時の土木技術の水準から見て驚異的なスピードといえる。それにもかかわらず、玉川上水の建設は失敗の繰り返しであったという逸話が伝えられている。なぜこのような失敗の逸話が残されているのだろうか。

東京都水道局新宿出張所前にある「四谷大木戸跡」の碑

私財までも投入

一六〇三（慶長八）年、徳川家康により江戸幕府が開かれると、参勤交代制度も加わり、江戸には多くの人々が集まるようになった。そのため、水不足が深刻化した。

江戸の慢性的な水不足を解消するため、江戸幕府は水源を多摩川に求め、一六五二（承応元）年に多摩川から江戸までの上水開削計画を立案した。一七九一（寛政三）年に書き上げられた『上水記』によれば、武蔵川越藩主で老中の松平伊豆守信綱《のぶつな》や町奉行神尾《かんお》備前守元勝らが検討し、関東郡代伊那忠治らが実地検分のうえ、信綱を総奉行、元勝を奉行、忠治を水道奉行に任じ、庄右衛門と清右衛門に着工を命じたとされている。まさに官民連携の一大事業であったものの、残念ながらこの当時の絵図面等は存在しない。

上流部（福生市）は水路幅が広い

玉川上水の設計者の詳細は不明であるが、『上水記』の第一巻に「一説松平伊豆守の臣何某が考える所也」との風説が記載されている。庄右衛門と清右衛門には請負金六千両（現在の金額で約六億円）全額が前渡しされたものの、工事途中で全額を使い切り、残りの工事は私財を投入して完成させたといわれている。

百姓の手仕事

玉川上水のルートは『上水記』で確認することができる。しかし具体的な掘削手法、掘削形状等に関する歴史的文献はない。杉本苑子の『玉川兄弟』では「深さ三・六メートル

（一二尺）、幅七・二メートル（四間）、水深一・二メートル（四尺）平均で掘削し、毎秒約一二立方メートル（四四〇～四五〇立方尺）の通水量を見込んでいた」と記されている。また、開削状況は「村方百姓に請け負わせた堀通りの開墾である。ただの素掘だ。技術的には上手も下手もないはずだが、素人の悲しさで手際がいかにもつたない」と記されている。

建設当時の規模は、恩田正行の『上水記考』に「底辺三メートル、幅五メートル、高さ三メートル」とあるが、現在の形状から推測すると水路幅五～七メートル、水路深三～四メートルである。現在の羽村取水堰周辺では水路幅一

「小平中央公園」を流れる玉川上水の分水

上流部（福生市）付近の河岸構造と分水の取水口跡

中流部（小平市）付近の壺形状の河岸

五メートル、水路深七メートルと大きい。河岸は丸石積みの二段構え構造で、底部付近には花崗岩等による角石張りが見られる。また、羽村取水堰から六～一二キロメートルの区間では、水路幅は七メートル前後と狭くなり水路深も一・四メートルと浅くなる。河岸はほぼ垂直の丸石積みで囲われ、所により下半分が角石張りの部分もある。中流部では、素掘りの河岸が浸食され赤土を露呈し、両岸に植物が繁茂し水路底が膨らんだ壺型断面を呈している所も見られる。

武蔵野台地を潤す分水路

請願院橋付近の小平監視所から野火止用水が分岐している。この分水路は、玉川上水の完成後に江戸への供給水の余裕量を農地の灌漑にも利用することを幕府から許可されたものであり、一七九一（寛政三）年には、野火止用水など玉川上水の左岸側に一三分水、右岸側に二〇分水されていた。このように、玉川上水は江戸市中への飲料水の供給の他、途中、武蔵野台地の各地に分水され、飲料水、灌漑用水、水車の動力として武蔵野台地の開発に大きな役割を果たしていた。

成功の裏に・・・

玉川上水は短期間に掘削を完了したものの、工事に関して何度か失敗したことが文献に残されている。玉川上水建設に関しての歴史的文献は多く残されているが、その多くは玉川上水の完成後に記述されたものであり、当時の伝承等も絡め記載されているため、史実として残されている失敗が果たして本当であったか否かを確認することは難しい。

『玉川上水起元』では二カ所の失敗箇所があったと記載されているが、これは玉川上水完成から一五〇年後の一八〇三（享和三）年に記述されたもので、伝承を絡ませた内容となっている。

水喰土公園内の失敗箇所の表示

それによると、一つ目の失敗箇所は現在の府中市八幡辺りである。現在の羽村取水口から約一五キロメートル多摩川の下流となる「日野の渡し」付近、現在の国立市青柳から開削したが、八幡下の金尻で水が流れなくなったといわれている。しかしこの箇所と現在の玉川上水とは高低差が三〇メートル以上あり、地形的にも立川段丘、武蔵野段丘を越えることができず、失敗の跡としての確証は得られない。現地の滝神社には、昔「むだ堀」と呼ばれる堀跡があったと伝えられており、これが失敗談へと変化したものではないだろうか。

二つ目の失敗箇所は福生市の水喰土《みずくらいど》公園周辺である。この公園の説明板には、玉川上水の掘削に失敗した箇所と明記されており、現在でも掘削した地形がそのまま残されている。ここでは玉川上水の水が地中に吸い込まれていったと記されている。しかし、現在の玉川上水と並行し隣接した位置にあり、地質的な変化は見られない。武蔵野台地の基盤となっている砂礫層は、この地域では広範囲にわたり違いは見られず、北から南に緩やかな勾配で下がっている。したがって、この箇所での地質的な異なりが要因となり失敗したとは考え難い。ここの堀跡は玉川上水が完成した後に掘られた、分水のための堀跡ではないかとする考えも示されている。

水喰土公園内の堀跡

地形的条件を見事に克服

玉川上水は当時の幕府が実施した一大事業であり、何箇所も失敗が許される工事ではなかったのではないだろうか。さらに当時の測量技術は、現代と比べものにならないが、水準器や勾配器の利用や測量教本の存在までもが記録されており、測量技術はそれなりに確かなものであった。このことから、玉川上水の開削は短期間で確実に実施され、後に失敗談が創作されたと考えられる。

玉川上水は人工の開削水路であり、基本的に直線形状である。しかし、玉川上水を辿ると大きく蛇行している箇所が見られる。この箇所は工事で難儀した箇所であろう。

立川市の見影橋の下流では、西武拝島線と直線で並行していた玉川上水が南に蛇行を始め、請願院橋付近で元の直線形状となる。この辺りは玉川上水の左右岸の地形に高低差が発生し、左岸側は低くなり住宅地と農地が続いている。現在では地形的な変化を視覚的に捉えることは難しいが、この一帯には立川断層が位置しており、開削を迂回したと推測することができる。また、国分寺崖線の存在が、玉川上水のルートを変化させており、小平監視所のある上水小橋から水路の形状が変化し、崖線下に連続することとなる。このように、玉川上水の建設は、地形状況に応じて迂回しており、闇雲に開削していないことをうかがい知ることができる。

こうしてみると、玉川上水の建設に失敗はなく、人海戦術のため工事が難航したものの、比較的スムーズに進行したのではないか。また、玉川上水が地域の重要な施設であったため、玉川上水開削の失敗に関する伝承が、地域の歴史文化とともに根づいていったのではないかと考えられる。

実は船も

あまり知られてはいないが、玉川上水は一八七〇（明治三）年四月一五日から一八七二（明治五）年五月三〇日までの二カ年に限定して、水路に船を行き来させる舟運施設として利用されていた。ルートは多摩川の上流となる奥多摩の小河内《おごうち》村から羽村の堰を通り、四谷大木戸までであり、行き来した舟数は一〇〇艘を超えたといわれている。上流部に当たる見影橋の下流右岸には、当時の船着場であった「巴《ともえ》河岸《かし》跡」がある。伊勢出身の巴屋某が船頭をしていたことから、この名がついたと伝えられている。

今は船着場の面影が見られない「巴河岸跡」

江戸への荷は砂利、石炭、野菜、茶、織物、薪、炭、甲州の葡萄、煙草等多様で、江戸からは米、塩、魚類等が運ばれていた。しかし、飲料水としての汚染が懸念され、舟運は廃止された。これは後の、甲武鉄道や青梅鉄道の建設計画のきっかけになった。

玉川という名

玉川上水が、地形的な条件により拘束されたなかで、短期間に開削できたことは、現代の土木技術とは異なり人海戦術であったことを踏まえると、いかに大変な事業であったかをうかがい知ることができる。

玉川上水を完成させたことで、町人だった庄右衛門と清右衛門の兄弟は、幕府から「玉川姓」を賜った。「玉川上水」はその姓を採って命名されたといわれている。その後、玉川兄弟は玉川上水の管理の仕事を任された。この玉川家による管理は江戸時代中頃まで続いたという。

現在の多摩地域の小中学校副教材では、玉川上水の責任者として玉川兄弟の名前が挙げられている。そして、桜の名所としても有名な羽村取水堰下公園には玉川兄弟の銅像が設置され、その偉業を現代に伝えている。

羽村取水堰下公園にある玉川兄弟の銅像

現地へのアクセス（羽村取水堰）

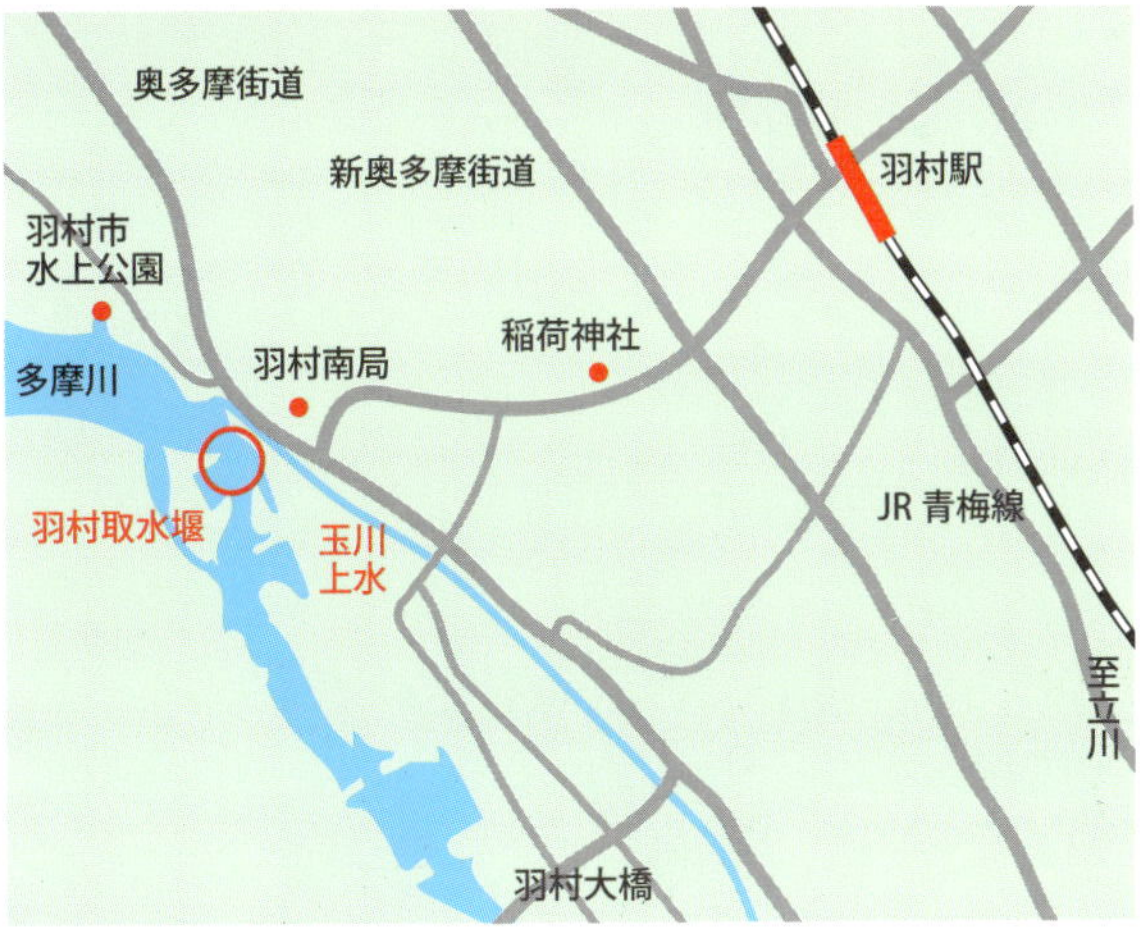

■ JR青梅線「羽村駅」から徒歩15分。

近隣土木施設

村山貯水池（多摩湖）

建設当時最大規模の水道用アースダム

多摩湖の正式名称は、村山上貯水池・下貯水池で、二つの湖に分かれている。上貯水池は一九二四（大正一三）年に竣工した堤高二四メートル、堤長三一八メートル、貯水量三三二万立方メートルのアースダム。下貯水池は一九二七（昭和二）年に竣工した堤高三三メートル、堤長五八七メートル、貯水量一二二五万立方メートルのアースダムである。

一九〇九（明治四二）年、東京市は人口増による水需要の増加に対応するため、水道拡張の調査を東京帝国大学教授の中島鋭治工学博士らに嘱託した。二年後、多摩川の水を羽村から導き村山貯水池に貯め、そこから浄水場を経由し、和田堀浄水池を通り市内に供給する計画が報告された。この水道拡張計画は、一九一二（大正元）年に内閣承認され設計がスタート。一九一六（大正五）年から工事が開始された。第一次世界大戦の経済的混乱や関東大震災などを乗り切り、一九二七（昭和二）年にやっと全工事が完了した。戦後の高度成長期の水需要の増加に対応して、一九七三（昭和四八）年に第一取水塔を建設。近年では、阪神大震災後の基準の見直しにより、貯水池の耐震性が強化された。

所在地　東京都東大和市

類似土木施設

辰巳用水

江戸時代の上水施設

辰巳用水は一六三一（寛永八）年に発生した金沢城下の大火で、本丸などを焼失したことを契機に、三代藩主・利常《としつね》が、防火用水路として造らせた施設である。施工には、能登千枚田の用水技師とされる板屋兵四郎《ひょうしろう》が任じられた。犀川上流約一〇キロメートルの取水口から兼六園まで引かれた水路のうち、四キロメートル余りが暗渠（地下水路）となっている。途中の屈曲部や暗渠部では水路を拡幅し、直線部では狭めて、水路内に土砂が溜まらないように流速を制御する工夫がなされている。

所在地　石川県金沢市

◆現地を訪れるなら◆

花見ならば、羽村取水堰の約五〇〇本の桜がお勧め。桜まつりが開催され、屋台が出て、夜は桜がライトアップされる。また玉川上水中流部にある小金井桜は、三〇〇年程前、武蔵野の新田開発時代に植えられたもので、錦絵にも描かれ、桜の名所として国の名勝に指定されている。弁当を広げたいならば、すぐ近くの都立小金井公園がいい。一七〇〇本の桜が植えられている。

Part 2
中部・北陸

…………　**箱根旧街道**
神奈川県小田原市～静岡県三島市

…………　**黒部峡谷鉄道**
富山県黒部市

…………　**アカタン砂防**
福井県南越前町

Engineering's Heritage

【神奈川県小田原市〜静岡県三島市】
箱根旧街道
いにしえの石畳

弥次さん喜多さんも旅した難所

江戸時代、東海道随一の難所であり、後に「箱根の山は天下の嶮《けん》」と歌われた小田原宿から三島宿までの約三二キロメートル（八里）に及ぶ箱根旧街道。この街道は、ここを歩いた多くの先人達の足音と息使いが色濃く残る、風情ある石畳の道となっている。

箱根旧街道石畳の一部は静岡県三島市の箱根山中にあり、市の石畳整備事業により保存されている。保存されているのは、箱根峠より、願合寺《がんごうじ》・腰巻《こしまき》・浅間平《せんげんだいら》・上長坂《かみながさか》・笹原《ささはら》の五地区計約二キロメートルである。この古い石畳街道は、二〇〇四（平成一六）年一〇月に国指定の史跡とされた。

弥次さん喜多さんで親しまれている、十返舎一九《じっぺんしゃいっく》によって江戸時代後期に書かれた『東海道中膝栗毛』では、小田原宿から箱根宿までの行程の一部が次のように描かれている。

「けふは名にあふ箱根八里、はやそろそろと、つま上りの石高道をたどり行ほどに、風まつりちかくなりて弥次郎兵衛へ、人のあしにふめどたたけど箱根やま本堅地なる石だかのみち」

箱根八里は、敷いた石

杉並木とともに続く石畳の箱根旧街道

箱根旧街道の現在地及び距離案内

腰巻地区の石畳

がごろごろした凹凸の多い坂道で、その石は踏めど叩けどびくともしない堅い石道として有名だったことを物語っている。このことから、当時の江戸庶民に、箱根の石道が広く認識されていることがうかがえる。

現存している石畳も凹凸があり多少の歩き辛さはあるが、両側を鬱蒼とした杉並木で覆われていたり、富士山の眺望が楽しめたりと、爽快な気持ちで散策することができる。また、急勾配の箇所が多く、峠越えの大変さがわかる。この石畳のルートは、現在の国道一号と随所で交差、併走している。

日本の舗道の先駆けは、オランダの影響で平戸や長崎に切石で舗装されたのが最初であるといわれている。つまり馬車や人力車などの通行に石畳は不可欠なものだった。しかし、急峻な山道であるこの箱根旧街道に、なぜ石畳を敷設する必要があったのだろうか。

富士山の噴火でルートが変わった!?

東海道の原形ともいえる道が形成された詳細は判っていないが、実際に街道として機能しだしたのは、大和政権時代の四~五世紀以降といわれている。「東海道」という名称が一般的に定着したのは、七〇一年の大宝律令で「七道」の名称が令文に明記され、駅馬・伝馬制度が整備された時期以降のことであろう。ちなみに七道とは、東海道・東山道・北陸道・山陰道・山陽道・南海道・西海道のことである。

古代の東海道は箱根山を通らずに、大きく北に迂回して傾斜が緩やかである足柄峠を通るルートが取られていた。一時、富士山の延暦噴火で通行できなくなったために、距離は短いが険しい箱根路が開設され、回復した足柄峠と併せた二ルートが利用されていた。

箱根路のルートには諸説あるが、当初は横走駅（現在の御殿場駅付近）から分岐して足柄峠を通らずに箱根に出るルートが取られていたという説が有力である。

鎌倉時代になると、現在の三島市を通過する箱根路が使われ始めた。その理由には、京~鎌倉間の往来が増加し、箱根山を迂回するルートよりも距離の短い箱根路が好まれたことや、武士達の三所詣（箱根権現、伊豆山権現、三島明神）の便が良かったことが挙げられる。

また、旅人の増加に伴い、軍事及び経済的な理由から「山中の関」が三島市の元山中付近に設けられたことが知られている。『太平記』には、南北朝時代の一三三八（延元三または暦応元）年、足利尊氏が征夷大将軍（室町幕府）となる直前に、この元山中付近で新田義貞《よしさだ》と足利直義《ただよし》が激しい戦闘を行ったことが記されている。このような歴史からも、箱根路は主要街道とし

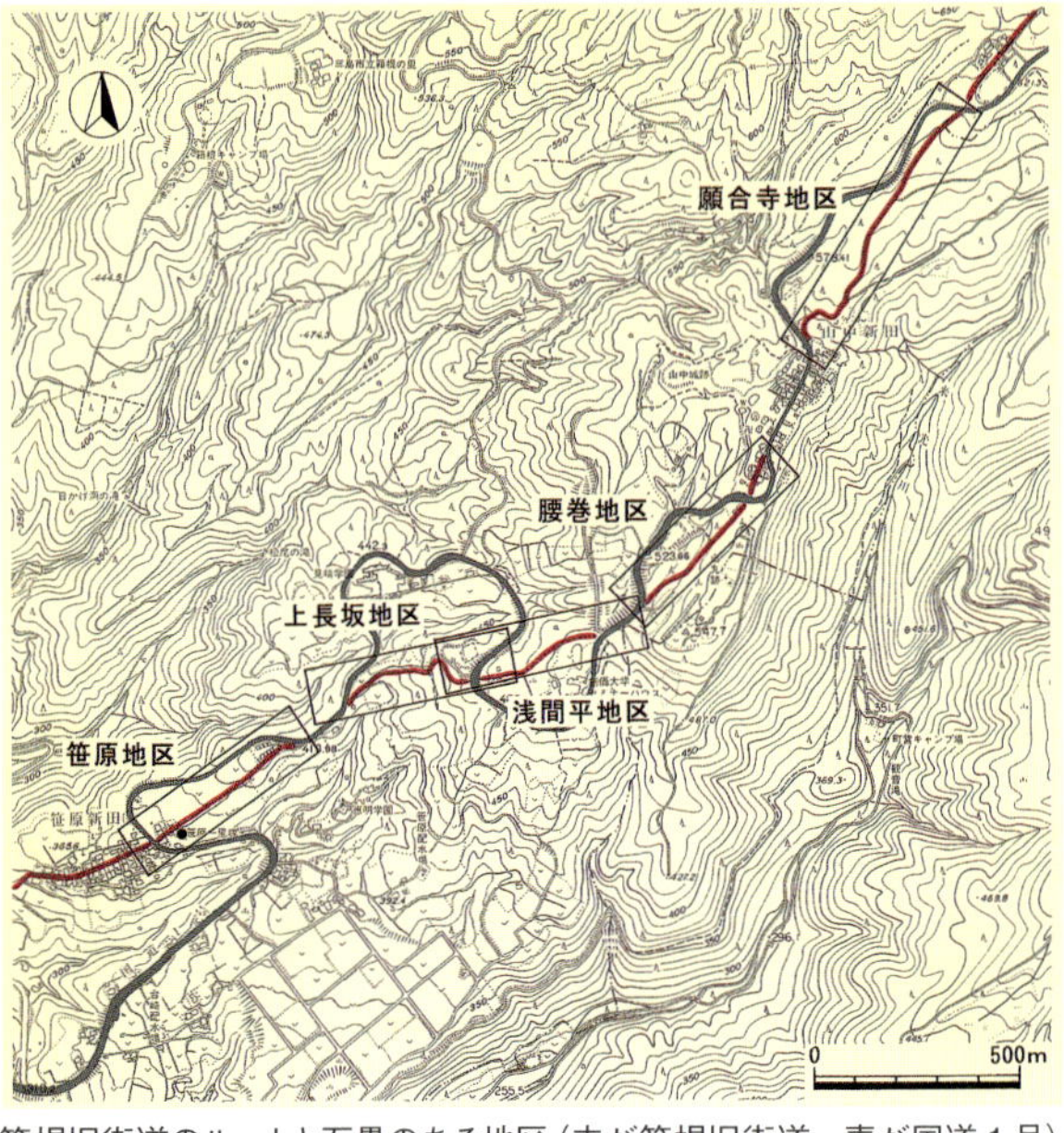

箱根旧街道のルートと石畳のある地区（赤が箱根旧街道、青が国道１号）
（出典：『箱根旧街道石畳 －整備事業の概要－』）

箱根峠に近い甲坂地区の鬱蒼とした石畳街道

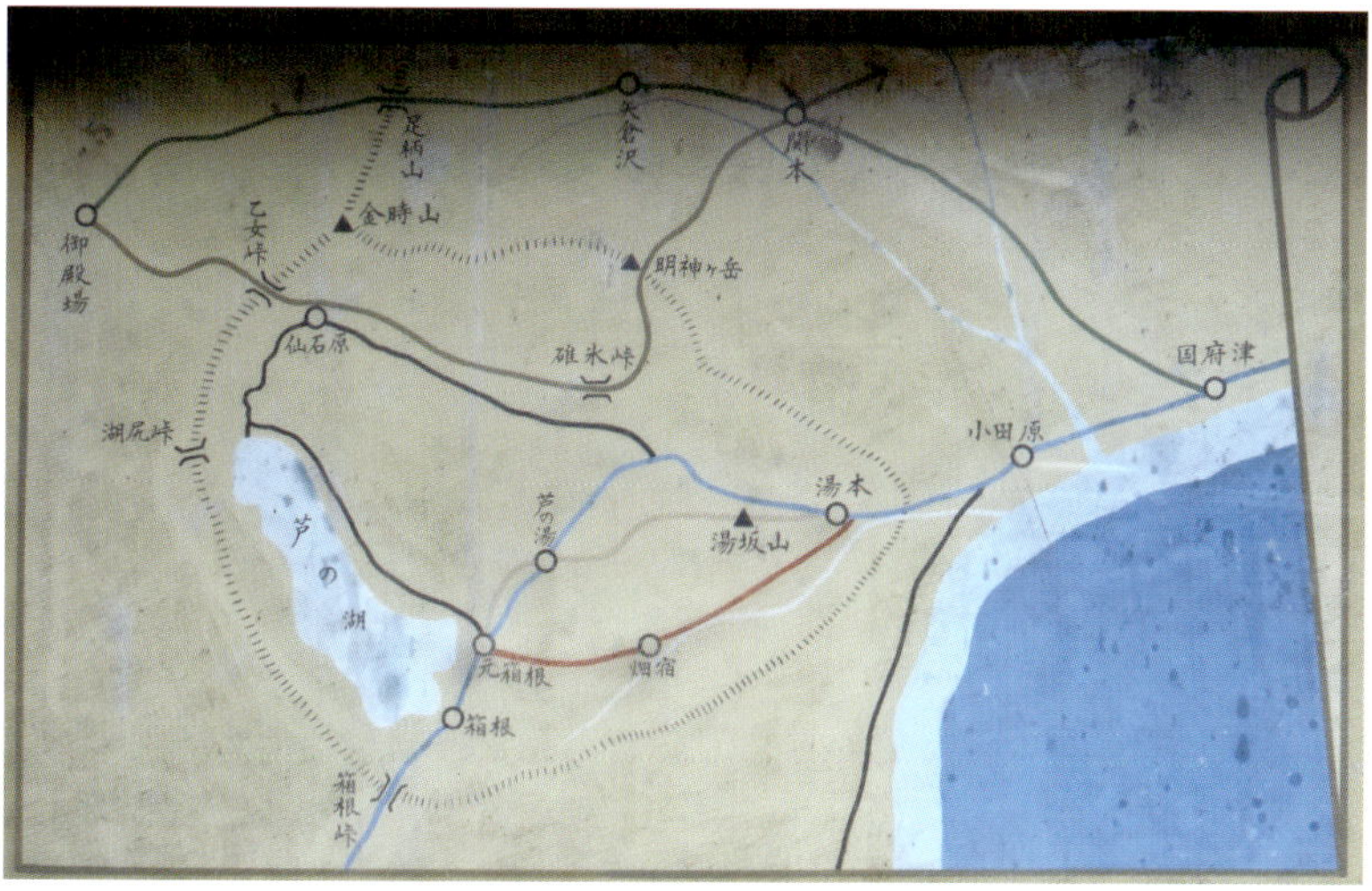

箱根路の移り変わり（現地の案内板）
■碓氷道:箱根で最も古い峠路　■足柄道:奈良、平安時代に利用された路　■湯坂道:鎌倉、室町時代に利用された路
■旧東海道:江戸時代に開かれた路　■国道（1号）:現在の東海道

て利用され、時の権力者に重視されていたことがうかがえる。

現在も残る三つの一里塚、錦田一里塚

東海道五十三次の「次」とは

一六〇〇（慶長五）年、関が原の戦いに勝利し全国統一を果たした徳川家康は、翌年に江戸〜京都間に宿駅伝馬制度を敷き、東海道の宿駅の整備に着手した。宿駅伝馬制度とは、荷物や文書などを、馬を利用したリレー方式で次の宿まで送ることである。「伝馬掟書《てんまおきてがき》」では、各宿場に三六頭の伝馬と人足による労力の提供、伝馬の荷物を三〇貫目（一一二・五キログラム）以下と命じている。そのかわり、宿に対しては地子と呼ばれる土地税を免除し、駄賃稼ぎや旅行者用の旅籠《はたご》の常設を認めた。こうして宿は、運輸と休泊の機能が備わり、陸上交通発展の基礎ができていった。

戦国の遺風が残る当時においては、政情を安定させるために東西の交通の掌握が必要不可欠であった。一六〇四（慶長九）年には、江戸日本橋を起点とした一里塚の設置や並木の整備に着手するなどして、徐々に街道の体裁が整えられた。箱根旧街道にも、錦田、笹原、山中の三つの一里塚が現在も保存されている。一六二四（寛永元）年に庄野宿（現在の三重県鈴鹿市）が設置され、東海道の五三の宿場が全て完成した。ちなみに、「五十三宿」と言わずに「五十三次」と言うのは「追い通しの禁止」の定めによって、原則として宿場ごとに荷物の継ぎ替えが行われたためである。江戸から京都に荷物を送ろうとすれば、五三回の継ぎ替えが必要であり、このことから「五十三継」が「五十三次」となった。

江戸幕府が整備した五街道、東海道・中山道・甲州街道・奥州街道・日光街道の中で、東海道は江戸と京都を結ぶ重要な街道である。このうち、標高八四五メートルの箱根峠を越えて、小田原宿と三島宿を結ぶ約三二キロメートルの坂道が箱根旧街道である。

江戸時代初期の箱根越えの坂道は、雨が降ればすねまで泥に潜ってしまうような悪路で、ここを通る旅人は非常に苦労をしていた。当時の『東海道名所記』には、滑りやすい関東ローム層の赤土の坂道は、旅人を相当苦しめたと記されている。幕府にとっても、箱根の山は西国の大名に対する天然の要塞となることから、江戸初期には険しい方が望ましかった。

しかし、政情が安定して人馬の往来が盛んになると、幕府は街道の整備に力を入れ始めた。

現在も残る三つの一里塚、笹原一里塚

現在も残る三つの一里塚、山中一里塚

竹畳から石畳

東海道の平坦部の道は、路面を平らにして砂利や砂で突き固められていただけであった。しかしながら、急峻な山地に位置している箱根街道は、極寒期の気温はマイナス一〇度を下回り、積雪が多く、さらに四季を通じて雨の日が多く、頻発する濃霧は旅人の視界を著しく妨げた。そのため、当初は街道に箱根竹を敷く手法が用いられた。しかし、竹は腐ってしまうので敷替えが必要となる。これには約三千の人足と一万七千〜一万八千束の竹が必要で、年間の維持管理費は一二〇〜一三〇両(概ね一〇〇両が現在の一億円)にも達した。人足は、箱根街道沿いの村々が「助郷《すけごう》」として駆り出された。維持管理費用は、二重課役を避ける意味で、助郷に招集されない奥伊豆(現在の三島以南の伊豆半島)の村々が捻出していた。しかし、奥伊豆の人々にとって、この負担は非常に重かったようである。

その後幕府は、一六八〇(延宝八)年に抜本的な改革を目的として、一四〇〇〇両余りをかけて石敷きの石畳構造に改築した。建設費のほとんどは、合わせて一万九千石となる奥伊豆の村々が「石道金」として、毎年一〇〇両を一〇年間払い続けることとなった。

ただ石を並べただけじゃない

江戸から京都までの四八八キロメートルの東海道で、街道の幅は平均約九メートル（五間）だった。しかし、箱根街道は急坂であるため、幅は狭く約三・六メートル（二間）であった。

石畳の敷設の方法は、敷いていた古竹を取り除き、約三〇センチメートル掘り下げ大栗石を入れて基礎（路床）とした上に、砂利を三〇センチメートル入れて突き固めた。坂の途中には砂利止めを設けた。そして、道の両側には縁石として約三〇センチメートルの石を、内側には二四～二七センチメートルの石を据え「石畳」とした。表面の石は四角形か五角形のものが各辺を合わせるように並べられ、路肩側の石は中心部のものより大きなものが使われて、その端部は直線状になっている。最も外側には栗石が敷かれ排水路の役割を果たしている。

石畳の石材には安山岩が利用された。この石は、街道周辺の沢から容易に調達が可能であった。また安山岩は、簡単に板のように割れる特性があることから、平らな面が大きく、石畳の石材とした場合に歩き易い効果をもたらした。さらに、石畳には小型の石材が敷かれている箇所がある。急な坂道に小型の礫を敷き詰めることによっ

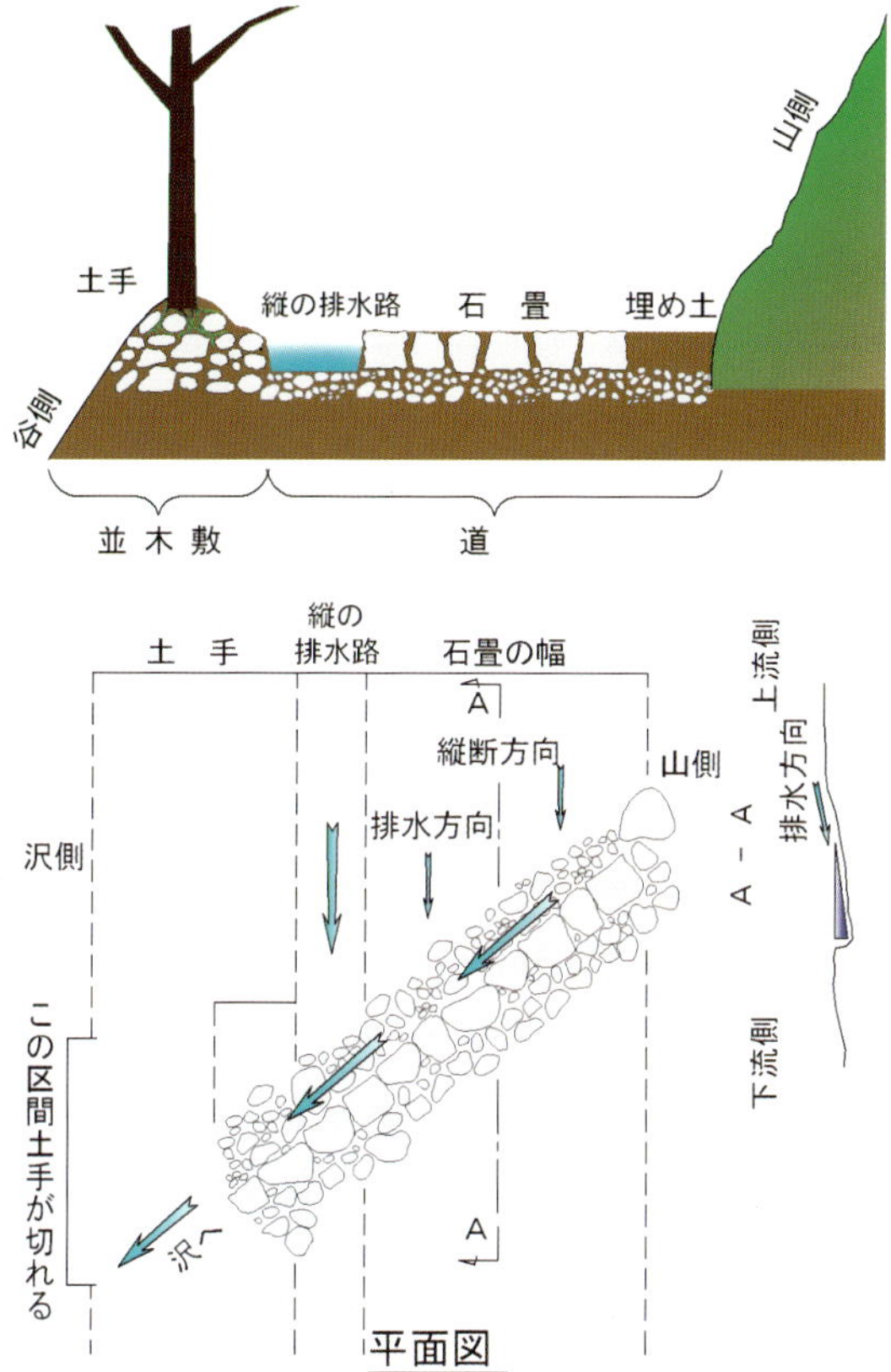

石畳の断面図と斜め排水路の概念図（作製：松金伸）

箱根旧街道、笹原地区の石畳

て石畳上に細かな凹凸をつくり、滑り止めの効果が発揮されていた。

雨水対策の工夫も見受けられる。それは「斜め排水路」と呼ばれており、あたかも石畳を斜めに横切るかのように、段差をつけて石材を一直線に並べたものである。石畳上を流れ下る雨水をこの段差で受け止め、街道の外へ排水する工夫である。また、沢を跨ぐ箇所には、石橋として、巨大な板石（九五～一七〇センチメートル）が周囲より一段高くアーチ状に架けられていた。斜め排水路は四七カ所、石橋は六カ所設けられていた。

主役は鉄道へ

一八六七（慶応三）年一〇月一四日、第一五代将軍徳川慶喜は朝廷に大政奉還した。翌年、新政府は江戸を東京に改め、元号を明治とした。一八六九（明治二）年には、東京～横浜間で外国人による乗合馬車が営業を始め、翌年には東京～横浜間の鉄道敷設のための測量が始まった。明治政府の新政策が次々に実行され、宿駅伝馬制度も一八七二（明治五）年に廃止された。

一方、明治になっても、手紙や小荷物の輸送を続けていた飛脚業は、郵便事業として官営に移された。鉄道は一八八七（明治二〇）年に東京～国府津間が開通し、翌年には神戸までの全線が開通した。この東海道線の開通により、箱根街道は主に農道や生活道路として使われるようになる。峠を行き交う旅人の姿は殆ど見られなくなり、街道としての役割は終焉を迎えたのである。

全ての国道は日本橋から

明治政府の道路整備は、欧米先進諸国に追い付くことを目的とし、一八七六（明治九）年に五街道をはじめ、全ての道路を国道、県道、里道の三種類に分類し、さらに一～三等級に区分した。この時、箱根峠越その東海道は二等国道に定められた。その後、一八八五（明治一八）年に等級が廃止され、国道一〜四四号の国道路線網が新たに制定された。これは今の国道の起終点とは異なっており、全ての国道が東京の日本橋から始まっている。

上長坂地区の石畳

現地へのアクセス（三島市願合寺〜笹原地区）

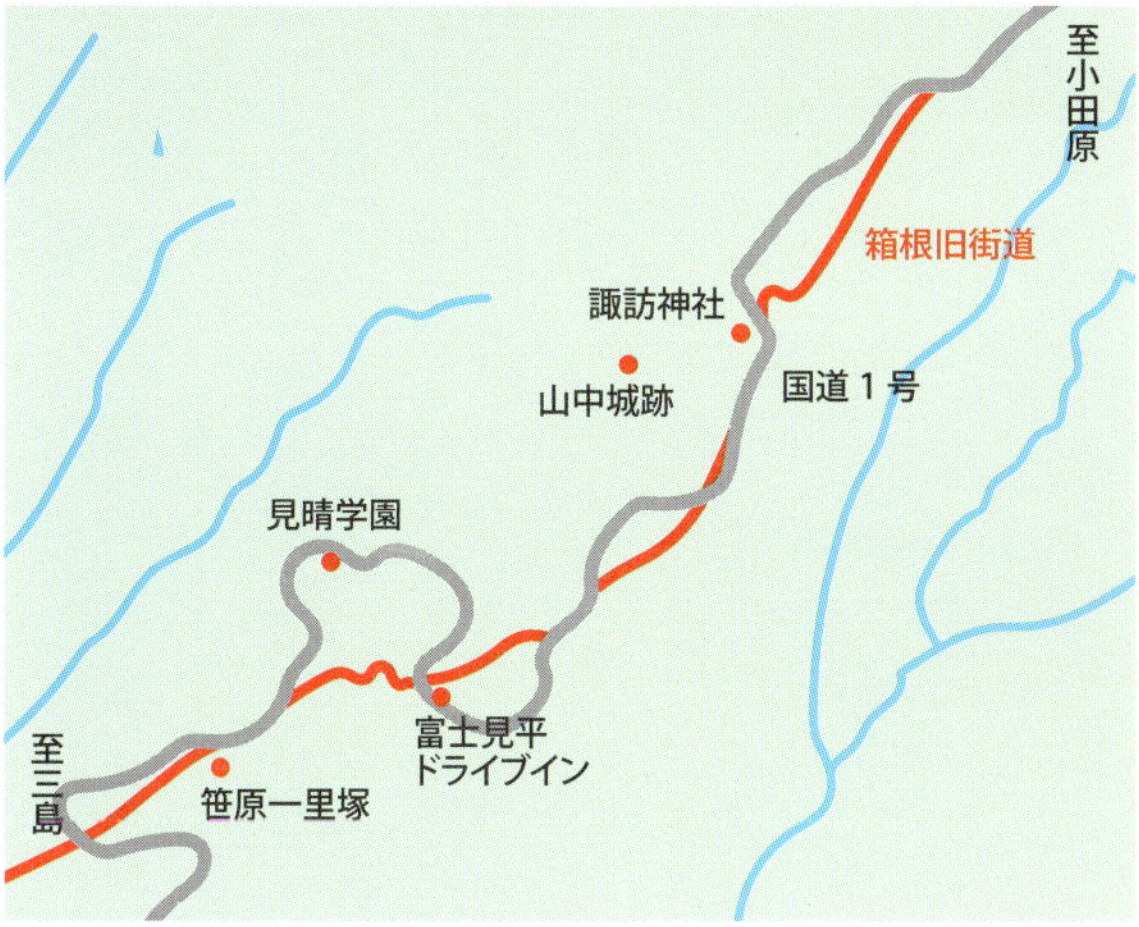

■ JR東海道本線または東海道新幹線「三島駅」からバス「元箱根港行き」乗車28分「山中城跡」下車。
■ 東名高速道路「沼津IC」から車で約25分。

近隣土木施設

箱根地区国道一号施設（旭橋・千歳橋・函嶺洞門）

観光地・箱根のランドマーク

箱根の玄関口に位置する国道一号にある旭橋・千歳橋・函嶺洞門。一九三三（昭和八）年に鉄筋コンクリート（RC）下路式タイドアーチとして完成した旭橋と千歳橋は美しく箱根のランドマークでもある。橋長三九・五メートル、幅員一〇メートルの旭橋はRCタイドアーチ橋として国内最大スパンで、斜橋（斜角一〇度）のRCアーチ橋としても稀である。橋長二五・五メートル、幅員九メートルの千歳橋は親柱が主アーチと波打つように連結されている。照明灯も、旭橋が和風、千歳橋が洋風とデザインに工夫がある。また、一九三一（昭和六）年に六連の鉄筋コンクリート造りで完成した長さ一〇〇・九メートル、幅員六・三メートルの函嶺洞門は、来訪する欧米人を意識して中国の王宮をイメージしたデザイン。三連目の施工が終わった頃、北伊豆地震（マグニチュード七・五程度）が発生し、二連目の洞門が落石（推定二一・五トン）により約五度傾いた。一本の柱にせん断破壊が生じたが、修復され現在に至っている。二〇一四（平成二六）年に完成したバイパスへと交通を切り替えることとなったため、恒例の箱根駅伝のコースから外れた。

所在地　神奈川県箱根町

【千歳橋】

【函嶺洞門】

類似土木施設

琵琶峠の石畳（中山道）

主要街道の石畳道

岐阜県瑞浪市の釜戸町・大湫《おおくて》町・日吉町にまたがる約一三キロメートルの中山道は、丘陵上の尾根を通っていたことが幸いして開発されず、原形をとどめている箇所が多い。特に琵琶峠を中心とする約一キロメートルについては、八瀬沢一里塚や馬頭観音などが現存し、当時の面影を残す。一九七〇（昭和四五）年には五〇〇メートル以上にわたる石畳が確認され、峠を開削した時のノミの跡を持つ岩や土留め・側溝なども残されている。

所在地　岐阜県瑞浪市

◆現地を訪れるなら◆

国道一号を下って行った先にある国指定天然記念物の柿田川がお勧め。国道直下から砂を吹き上げて湧出し、約一キロメートル先で狩野川に合流する。湧出口は川全域に見られ、総湧水量は一日百数万トンで東洋一。ミネラルは一リットル中約一〇〇ミリグラム、炭酸ガスや酸素も含まれ、飲料水としては理想的。三島市や沼津市などの水道や工業用水に使用されているようだ。

Engineering's Heritage

【富山県黒部市】黒部峡谷鉄道

黒部川電源開発のライフライン

冬期運休のトロッコ電車

黒部峡谷鉄道は、北アルプス北部の立山連峰と後立山連峰の間を隔てる黒部川の峡谷に沿って、宇奈月〜欅平《けやきだいら》間二〇・一キロメートル、標高差約三七五メートルを一時間二〇分かけて走る山岳鉄道である。

元々、黒部川の電源開発のために敷かれた工事専用の鉄道であり、日本国内では数少ない軌間（二本のレールの間隔）七六二ミリメートル、新幹線の約半分というミニサイズの特殊狭軌を使用しているが、自動列車停止装置（ＡＴＳ）や列車無線装置を完備し、一般の地方鉄道として運行されている。

黒部峡谷の断崖絶壁と急峻なＶ字谷に輝く清冽《せいれつ》な流れ、黒々とした深い森の豪壮な景観や川に沿って湧出する温泉などの観光資源に恵まれ、小さな客車で走るその姿は、トロッコ電車という愛称で親しまれ、年間一〇〇万人以上が利用する日本を代表する山岳観光ルートとなっている。ただし、この沿線は豪雪・雪崩が多発するため、黒部峡谷鉄道は、例年一一月三〇日から四月二〇日まで冬期運休となる。一部の線路や架線は撤去してトンネルに格納し、再び春に敷設を繰り返すという全国でも極めて珍しい鉄道でもある。

恵まれた観光資源があるとはいえ、一年の半分近くは深い雪に閉ざされ、毎年、運休再開を繰り返すのは維持管理やコストの問題からも相当な負担があるはずである。なぜ、北アルプスの厳しい条件の地にこのような鉄道が維持されてきているのだろうか。

「魔の川」黒部

日本で最初の本格的水力発電事業が開始された一八九一（明治二四）年の京都蹴上発電所の成功以来、全国一斉に水力発電会社が誕生し、明治時代も終わりになる頃には全国のめぼしい河川のほとんどに水利権が設定され、続々と水力発電事業が開始されていた。

黒部川は勾配が急なため高低差が非常に大きく、冬季の大量の降雪による豊富な水量という水力発電に有利な条件を備えている。現在でこそ、「クロヨン」をはじめとした水力発電で有名な河川であるが、断崖絶壁の続く環境と一年の半分は雪に閉ざされる悪条件から、容易に開発の手が下されなかった。

明治時代までの黒部川は、河口近くの三日市（現在の黒部市中心部）より一〇キロメートルほどさかのぼった愛本まで幅約三・六メートルの国道が並走しており、さらに約二キロメートル上流の内山までは幅約二・七メートルの郡道となっていた。集落は内山が最上流で、そこからは人がやっと通れるだけの山道があるだけだった。黒部川の上流部は全て黒部奥山と呼ばれ、豊かな森林資源を守るため、江戸時代には加賀前田藩が人々の立ち入りを禁じた秘境であった。黒部とはアイヌ語の「魔の川」、あるいは黒々とした原始林や岩壁に囲まれ昼でも暗いので黒辺だとも言われていた。そのため開発を進めるには、河口近くからの建設ルートの確保より始めなくてはならなかった。

豪雪と断崖絶壁に挑む

黒部川の電源開発の歴史は、大正時代に黒部川の水力で発電を行い、その電力でアルミニウムの精錬を計画した化学者であり工学・薬学博士であった高峰譲吉《たかみねじょうきち》

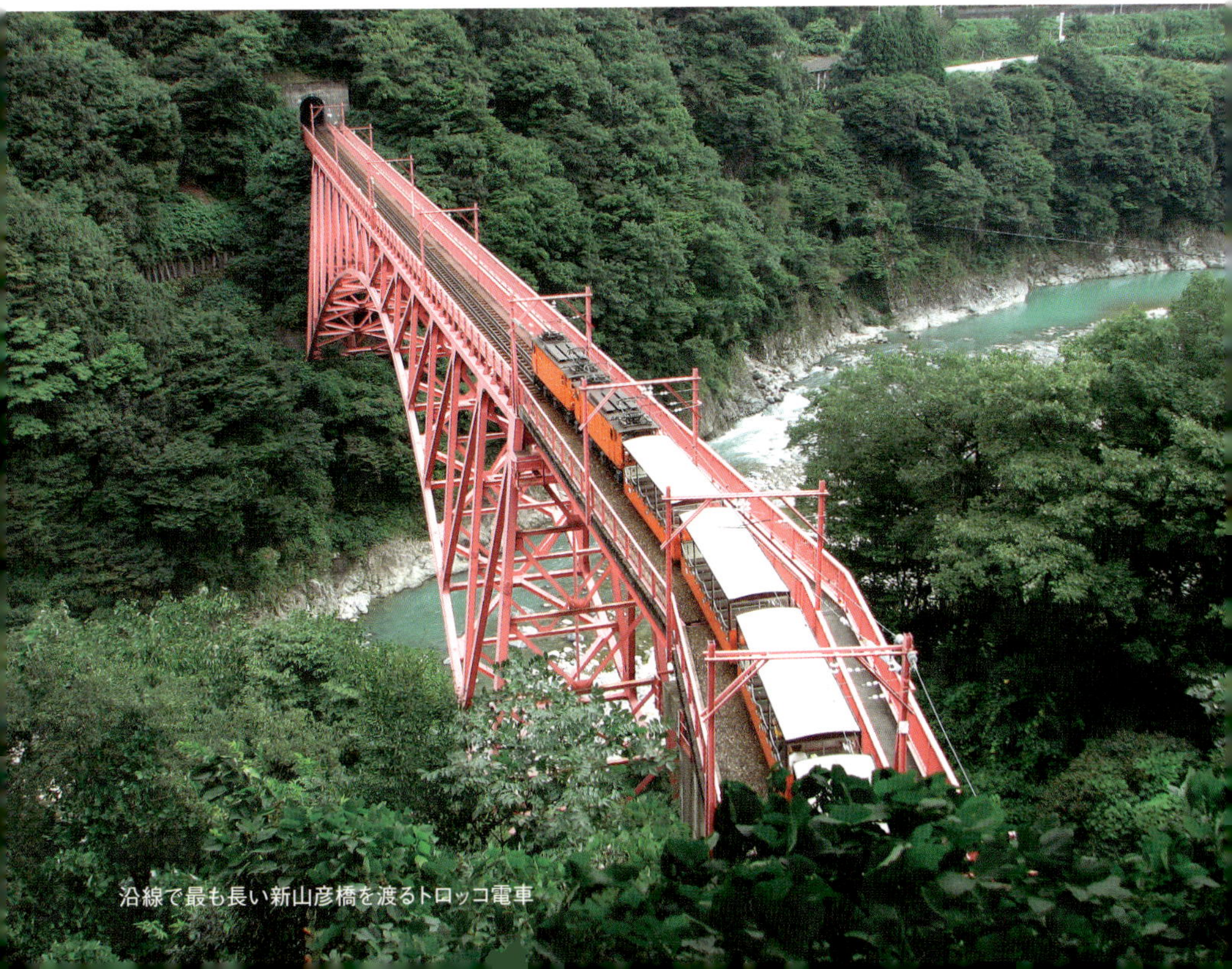

沿線で最も長い新山彦橋を渡るトロッコ電車

らによってようやく始まる。譲吉は一九一七（大正六）年、東京大学土木工学科出身で逓信省の技師であった山田胖《ゆたか》を引き抜き、現地調査に向わせた。そして東洋アルミナム株式会社を設立し、内山の約四キロメートル上流、後に宇奈月温泉として栄える地に電源開発の前進基地を建設した。そして黒部川上流部の電源開発のため、三日市〜宇奈月間一八キロメートル（現在の富山地方鉄道線）の軌道敷設計画を立てた。一九二〇（大正九）年に黒部川の水利使用許可を得ると、翌年に建設資材を運ぶための黒部鉄道株式会社を設立、一九二三（大正一二）年に宇奈月まで鉄道を開通させた。

三日市より宇奈月までの路線は一〇六七ミリメートルの軌間で敷設されたが、現在の黒部峡谷鉄道となる宇奈月から上流は、地形の制約から必要最小限の設備が造られることとなり、軌間は軽便サイズの七六二ミリメートルが採用された。ルートは、ダムや発電所建設のため、急峻な黒部川に沿って敷設しなければならず、岩壁が続く多くの黒部川支川を越さなければならなかった。そのため、路盤の崩壊や雪崩の影響を避

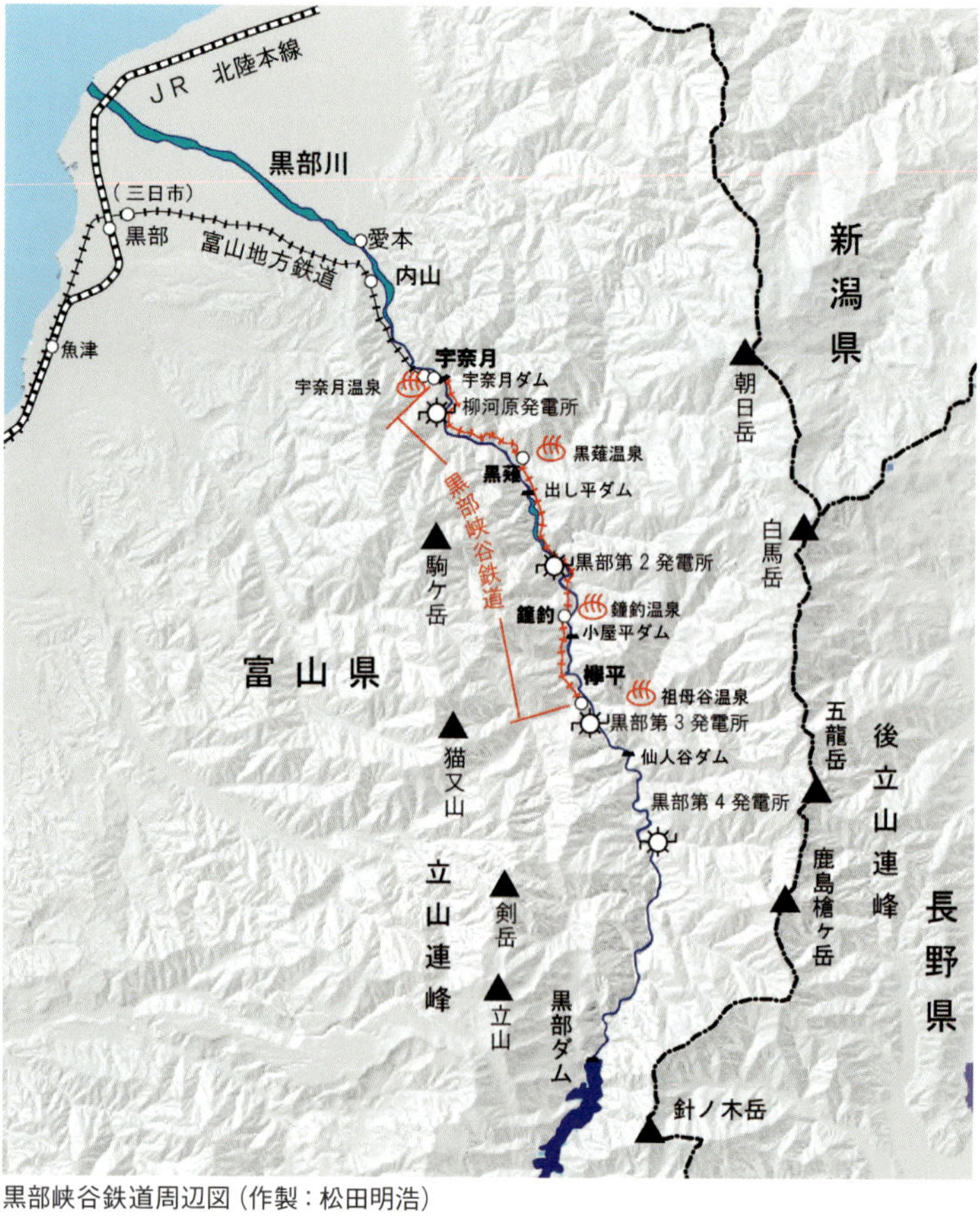

黒部峡谷鉄道周辺図（作製：松田明浩）

けるため、路線は極力トンネルと切土で通過するように計画された。一九二二（大正一一）年、譲吉が急死し、東洋アルミナムは計画を放棄せざるを得なくなったが、大阪に本社を持つ日本電力株式会社が、東洋アルミナムの経営権を引き継ぎ、発電事業として計画は継続された。

一九二三年九月、宇奈月～猫又間で建設資材運搬用の軌道施設工事に着手したが、絶壁の中腹を掘り進む難工事であった。山腹の大崩壊や冬季の降雪と雪崩に

運転台が狭いため、横向きに座って運転する

素掘りのトンネルを行くトロッコ電車

深い峡谷の中の欅平駅と黒部川第三発電所（中央の白い建物）

悩まされ、その度に設計を見直し、ルートを微修正しながらの工事が続いた。軌道建設と並行して、一九二五（大正一四）年に柳河原発電所着工。翌年に宇奈月～猫又間が開通。一九二七（昭和二）年に柳河原発電所が運転を開始した。

黒部川第三発電所建設のため、その後も路線は徐々に上流に延伸され、一九三七（昭和一二）年に欅平までの全線が開通した。宇奈月～欅平までの全長二〇・一キロメートルのうち、橋梁二二カ所とトンネル四二カ所の延長は八八〇八メートルにもなり、全長の三分の一以上に達する。また、最大勾配五〇パーミル、最小曲線半径は二一・五メートルで直線区間は五〇〇メートルにも満たない。勾配が急で平場に十分なスペースのない鐘釣《かねつり》駅では、列車が長編成になった今ではそのままで上下線すれ違いができないため、列車の先頭が衝突防止用の安全側線に入ってから客扱いを行い、スイッチバックして出発する。

一連の電源開発としては、欅平の黒部川第三発電所からその取水ダムとなる仙人谷ダムまでの約六キロメートルが最上流部であった。この区間は峡谷があまりに急峻で、軌道を敷設することが不可能だった。そこで竪坑エレベーターで車両を二〇〇メートル上昇させ、その先はほぼ全線トンネルで貫き仙人谷ダムを目指す方法で「上部軌道」の建設が行われた。一九三六（昭和一一）年、日本電力によって着工された上部軌道では、大規模な表層雪崩により飯場が吹き飛ばされるという事故や、岩盤温度が一六〇度を超えるという高熱地帯を貫くトンネル工事などにより、三〇〇人を超える多くの尊い命が奪われた。三年間の難工事の末、一九三九（昭和一四）年八月、欅平上部～仙人谷間が竪坑エレベーターとともに開通した。第三発電所も翌年に竣工した。

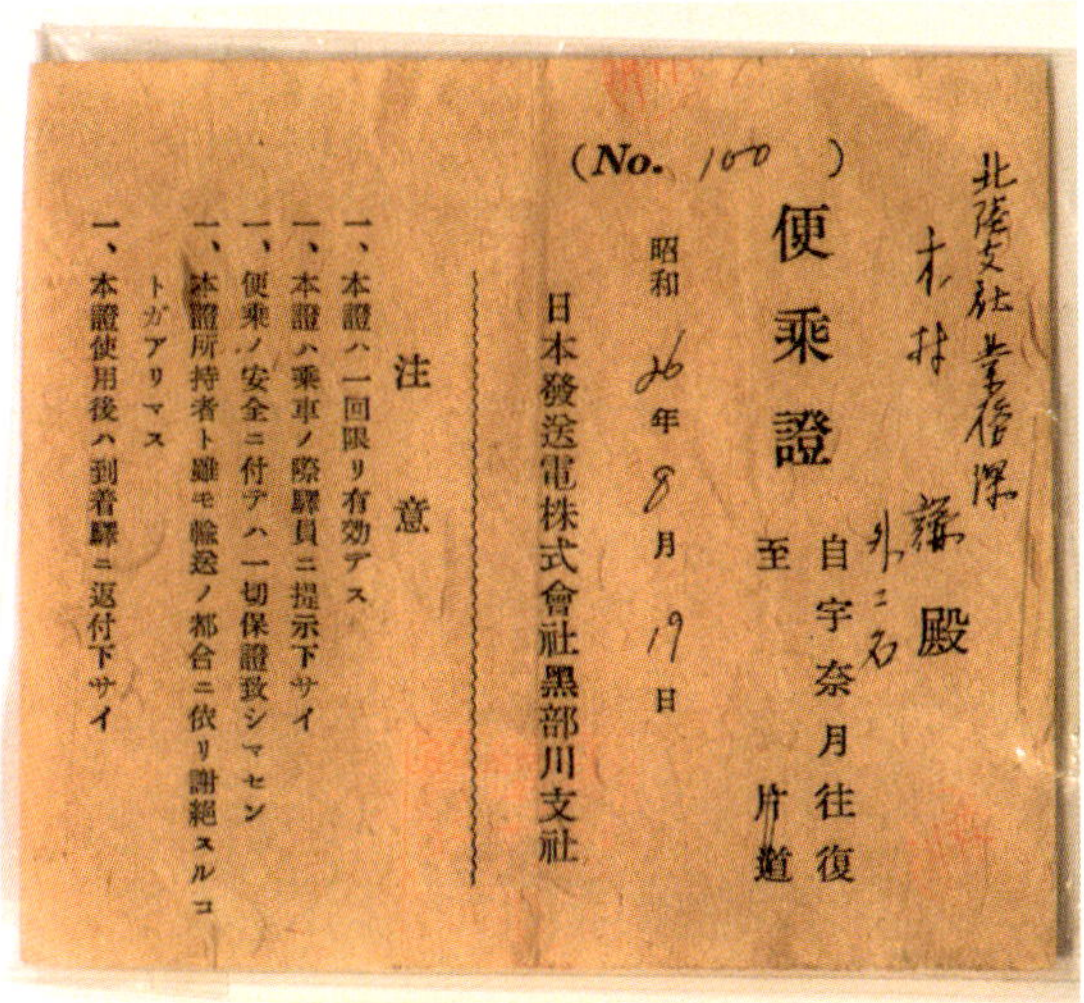

安全の保障はしない旨が書かれていた便乗証
（提供：黒部川電気記念館）

昭和初期のトロッコ電車（提供：黒部川電気記念館）

「命の保証はしません」

黒部川の電源開発のために敷かれた鉄道は、建設当初からもう一つの顔を持つようになる。東洋アルミナムが計画した三日市から宇奈月までの路線に対しては、地元からの強い要望もあり、工事専用線にせず一般にも開放した貨客両用の鉄道として運営されることとなった。しかし沿線には道路もほとんどなく、寒村が点在しているのみで安定した利用客収入を望めそうになかった。そこで黒薙《くろなぎ》より引き湯して宇奈月に温泉街をつくり、観光客を誘致することによって、鉄道の利用客を増やし、経営の安定化

一般客が乗降できる黒薙駅

冬期運休のための橋桁撤去作業
（提供：黒部峡谷鉄道株式会社）

冬支度の済んだ橋梁
（提供：黒部峡谷鉄道株式会社）

を図ったのである。人家も全くない原野だった宇奈月は、東洋アルミナムとその後を引き継いだ日本電力によって開発が進められ、やがて今日見られるように富山県を代表する温泉として発展している。

宇奈月から上流の路線が一九三七年に完成すると、一九三四（昭和九）年に指定された中部山岳国立公園や宇奈月温泉の発展とともに観光客の注目を浴びるようになった。工事専用線であるため、ダム・水路・発電所等の工事資材や作業員の輸送とともに、便乗希望者である登山者や温泉利用者に対しては「命の保証はしません」と裏書された便乗証を発行して便宜を図った。戦後、観光客の増加と地元の要望により、一九五三（昭和二八）年から安全対策などの見直しを行い、旅客鉄道としての営業免許を取得し、関西電力黒部線として営業を開始した。一九七一（昭和四六）年には黒部峡谷鉄道株式会社として独立し、現在に至っている。

運休中でも休めない

一一月末までの営業が終了すると、一〇日程度で上流側から順次冬期運休の準備が進められる。積雪や雪崩による倒壊の危険性の高い区間では、鉄橋の桁とレールを完全に分解し、近くのトンネル内に格納する。他にも雪崩の被害が予想される区間では、トンネルの入り口が塞がれ、架線と架線柱も撤去される。

運休期間中は、宇奈月の車両基地で全ての車両のオーバーホールが行われる。技術職員のみならず、乗務員や駅務員も作業に加わる。機関車や貨車など特殊な車両が多く、ここで蓄積された車両に関する知識と経験が、万一故障が起きたときでも、大いに役立つという。

春の営業再開は三月の残雪量調査から始まる。除雪

整備中の機関車

作業とともに雪のために緩んだ斜面から落石が発生しないよう、小さな浮石はあらかじめ落とし、大きな石は一つ一つ安定の確認を行う。この作業には、全国から登山家や専門家も加えた七〇～八〇人が参加し、軌道面から二〇〇メートル上方の斜面に横一列となって、不安定になっている石を蹴り落としていく。これらは、毎年台帳で管理している。

黒部川電源開発のライフラインとして

黒部峡谷鉄道は宇奈月駅から終点の欅平まで一〇駅ある。このうち一般客が乗降できるのは、宇奈月駅・黒薙駅・鐘釣駅・欅平駅のみで、これ以外の駅は、沿線にあるダム・発電所の勤務者や関西電力関係者に利用が限定されている。これは、今でも宇奈月より上流に行くための道路がないためで、途中にある新柳河原発電所や黒部川第二発電所などでは、分岐した線路が建物へ直接通じているのをトロッコ電車から見ることができる。二〇一二（平成二四）年六月現在、機関車二九両、貨車一五五両、客車一三四両、特殊車二両、総数で三二〇両あり、日本の中小私鉄の中では全国一の車両数を誇っている。実際にトロッコ電車で宇奈月～欅平を往復する間にも、多くの工事専用列車や貨車を見かけることとなり、この鉄道が、単なる観光鉄道ではないことを物語っている。

冬期運休期間でも、鉄道トンネルと線路脇に備えられた一人が通れる程度の冬期歩道トンネルを通じて、ダムや発電所に駐在

冬期歩道トンネルの出入口

発電所への引き込み線

する職員へ食料品や郵便物などが運びこまれるのだ。

黒部峡谷鉄道は、昔、ダムや発電所を造るために造った鉄道で、今は観光鉄道となっているとの印象が持たれている。しかし実際は、現在も発電所やダムの維持管理、砂防事業など、黒部の電源開発のライフラインとしての機能を持ち続けている鉄道なのである。

現地へのアクセス（宇奈月駅）

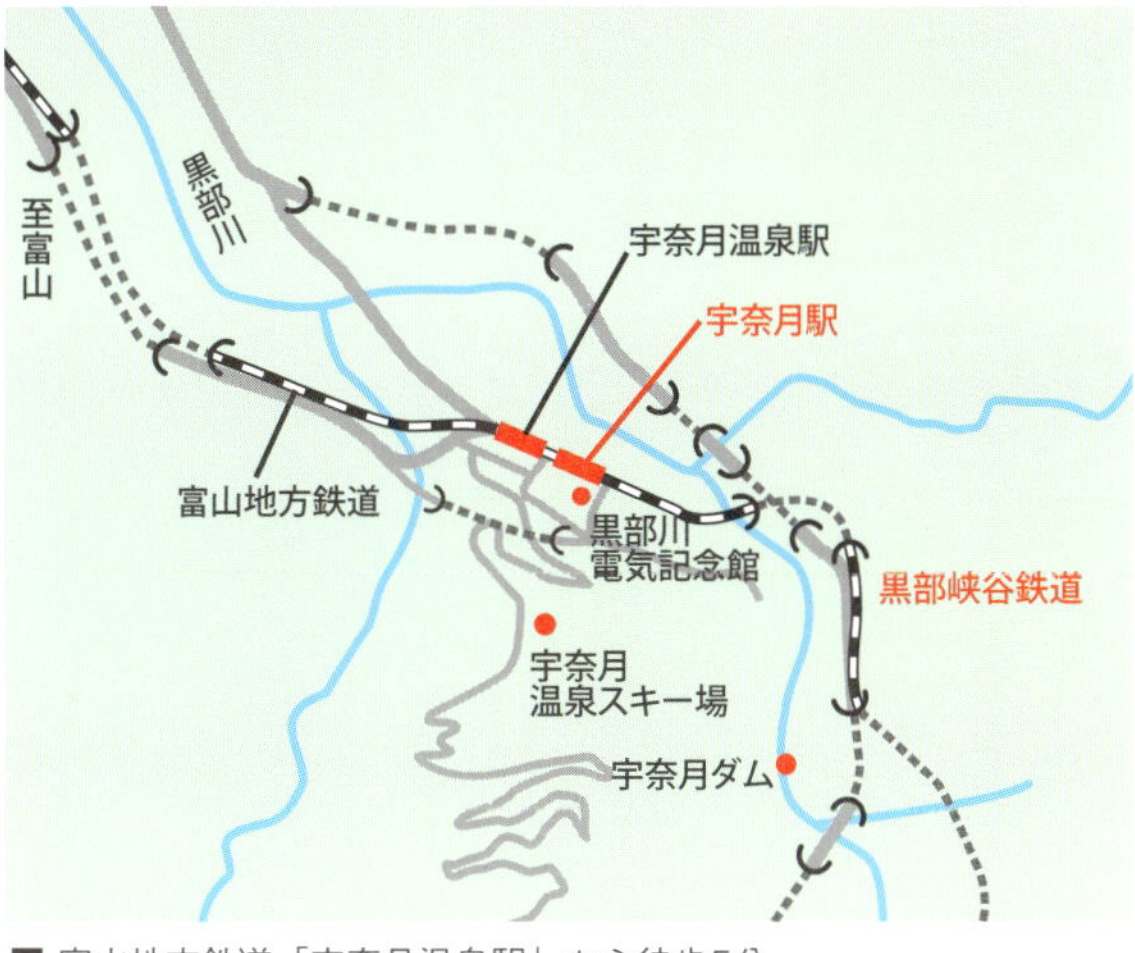

■ 富山地方鉄道「宇奈月温泉駅」から徒歩5分。

近隣土木施設

黒部ダム

映画『黒部の太陽』にもなった日本を代表するダム

黒部ダムのある黒部川は日本でもまれにみる多雨地帯で、平均河川勾配が四〇分の一という急峻な河川であるため、水力発電に利用するには理想的な河川であった。しかし、地形や気象等自然条件が厳しく、永らく人跡未踏の秘境とされていた。そこに一九二七（昭和二）年に最初の発電所が完成して以来、下流から水力開発が進んでいった。黒部川第四発電所、略してクロヨン（黒四）の貯水池となる黒部ダムは、一九五六（昭和三一）年に着工した。世界でも有数のアーチダムで、岩盤力学の発展に大きく寄与し、世紀の難工事といわれた中、一九六三（昭和三八）年に完成した。ドーム型アーチダムは、高さ一八六メートル、堤長四九二メートル、総貯水量二億立方メートルとなる。「立山黒部アルペンルート」は、このダム建設のための資材搬入路を完成後に一般開放したものである。富山側の立山駅からは、立山ケーブルカー、高原バス、立山トンネルのトロリーバス、立山ロープウェイ（動く展望台）、黒部ケーブルカー（日本唯一の全線地下式）を、長野側の扇沢駅からは、関電トンネルのトロリーバスを経て黒部ダムに到着する。なお、日本国内で運行するトロリーバスは立山黒部アルペンルートの二路線のみ。

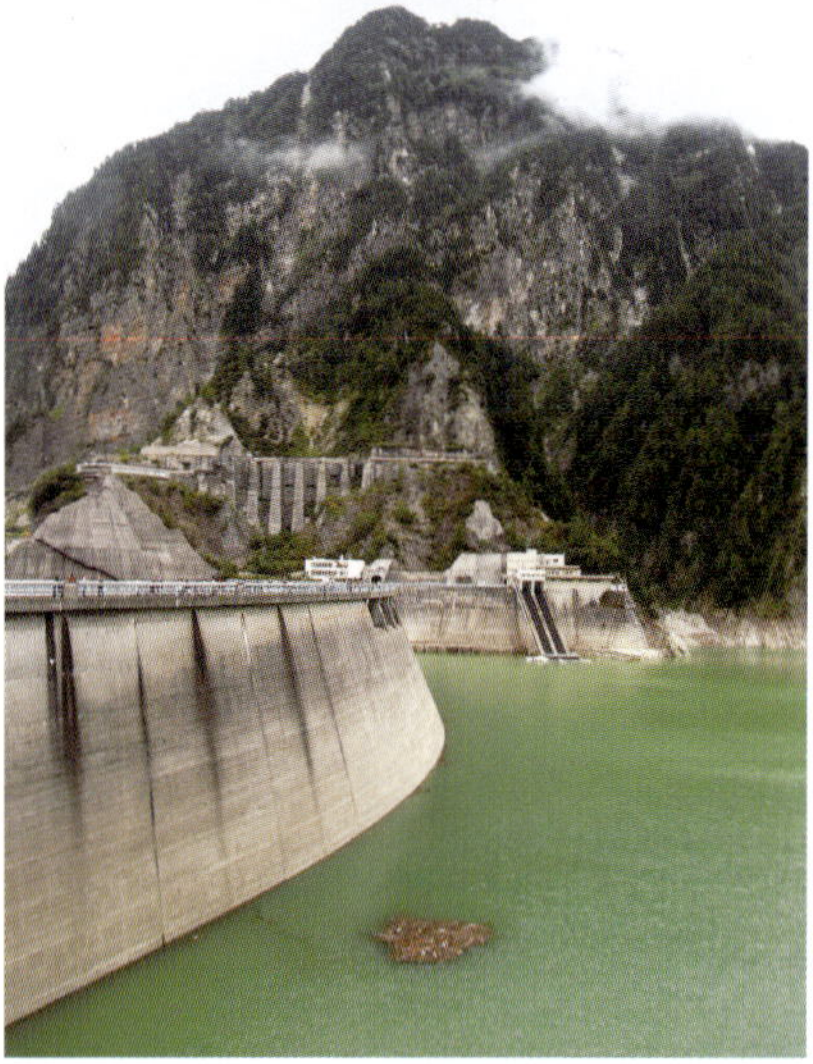

所在地　富山県立山町

類似土木施設

箱根登山鉄道

日本有数の本格的登山鉄道

鉄道線と鋼索線（ケーブルカー）からなる鉄道。鉄道線は、小田原から強羅までの一五・〇キロメートル、標高差五二七メートルを約五五分で駆け登る、最小曲線半径三〇メートル、最大勾配八〇パーミルの単線である。途中には一三のトンネルと五三の橋（暗渠等含む）、三カ所のスイッチバックがある。一九一九（大正八）年六月に開業した。鋼索線は、最大勾配二〇〇パーミル、強羅から早雲山までの一・二キロメートル、標高差二一四メートルである。ケーブルカーとしては、日本で二番目となる一九二一（大正一〇）年一二月に開業した。

所在地　神奈川県小田原市／箱根町

◆現地を訪れるなら◆

終点の欅平駅からは、片道約一キロメートルの猿飛峡遊歩道が整備されている。猿飛峡は川幅が狭く、猿が飛び越えたことから付いた名前だ。特別名勝・特別天然記念物に指定されている。欅平駅から急な階段を下ること五分。河原に足湯発見。足湯から見上げる奥鐘橋と奥鐘山の景色が素晴らしい。足湯の気持ち良さと相まって、猿飛峡への散策をパスしがちなので帰りに寄ろう。

Engineering's Heritage

【福井県南越前町】アカタン砂防
人知れず地域を守ってきた砂防堰堤群

忘れ去られた人工物

アカタン砂防は、福井県の第一期砂防事業として明治三〇年代に築かれた九基の堰堤群である。最大の堰堤は、堤長一一二メートル、高さ一一メートルにも及ぶ巨大なものである。建設機械のない時代に人力によって築造され、一〇〇年以上経過した今も十分機能し続けている。これらの堰堤は、福井県の南端、岐阜県と接する南越前町（旧今庄町）の古木地区の赤谷川にある。旧今庄町は古くから京都と北陸を結ぶ交通の要衝として栄えてきた場所である。

古木地区は、急峻な山が迫る谷間の平地に水田が広がり、山里という言葉がふさわしい地である。山地が多くを占めるため、人々は谷間の小さい田んぼも大切に耕してきた。赤谷川の広い谷を遡ると、杉林になっている九号堰堤の斜面が見えてくる。導流堤の石積み

谷間にどっしり構える６号松ヶ端堰堤

や堰堤の直線の形を見なければ、自然の地形かと見間違えそうなほど周囲の環境と調和した姿である。

赤谷川は地元の人から「アカタン」と呼ばれ、堰堤群は「アカタン砂防」の名称で親しまれている。しかし九基の堰堤群は、実は長い間忘れ去られていた。近年になって古老の話を聞いた地元住民が一九九八（平成一〇）年に結成した「田倉川と暮らしの会」の調査により発見され、二〇〇四（平成一六）年に国の登録有形文化財に登録されたという経緯を持つ。

なぜ、九基もの堰堤群が長い間忘れ去られていたのだろうか。

赤谷川の土砂災害

福井県では、明治時代に入って相次いで発生した土砂災害に対応するため、一八九四（明治二七）年に臨時県会で初めて砂防工事費が計上された。一八九七（明治三〇）年に完成した大野市佐開《さびらき》の鬼谷《おんたに》川の砂防堰堤が福井県初の砂防事業であり、アカタン砂防の堰堤群と同様に、登録有形文化財に登録されている。

6号松ヶ端堰堤を構成する巨石

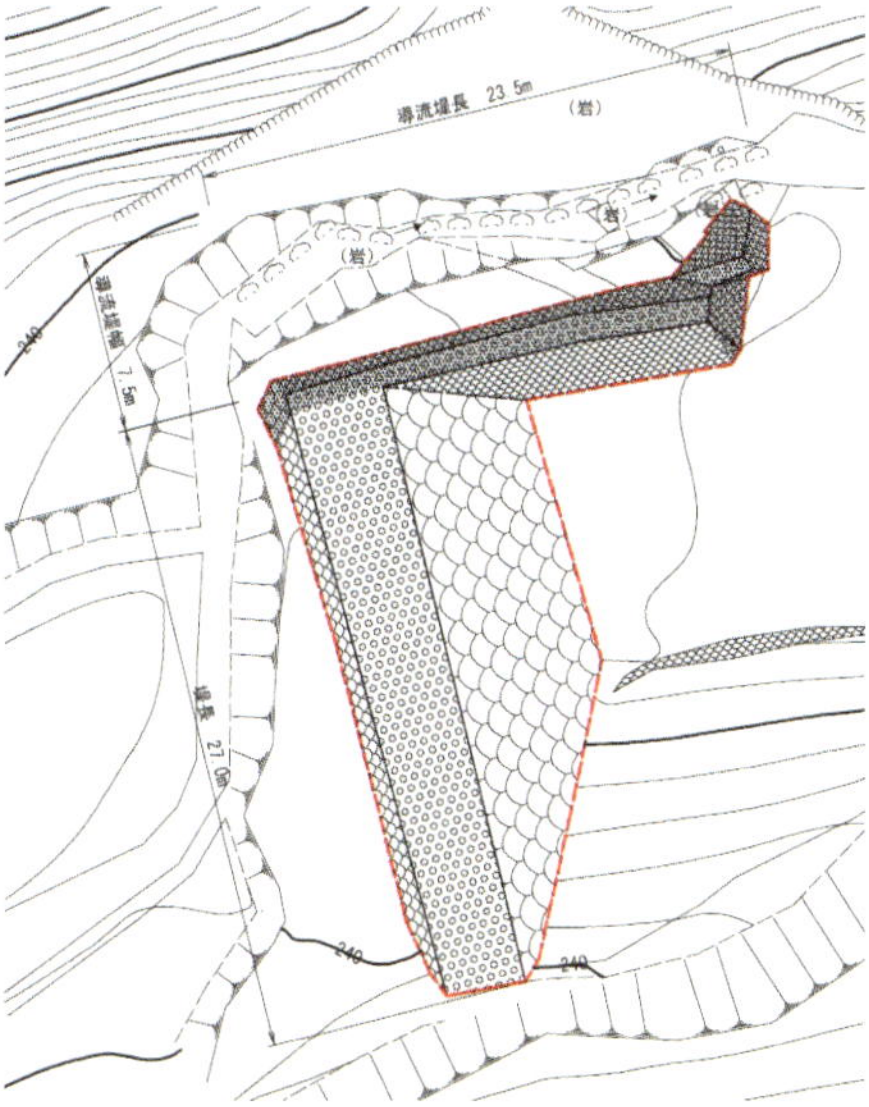

6号松ヶ端堰堤平面図（提供：福井県丹南土木事務所）

最上流部の１号大平ミズヤ上堰堤と２号大平ミズヤ下堰堤

アカタン砂防のある赤谷川は、九頭竜川水系日野川の上流田倉川に注ぐ流域面積五・八平方キロメートル、主流路長三・六キロメートル、平均渓床勾配約一〇分の一の急流河川である。一八九五（明治二八）年の大豪雨により、上流部の斜面が大規模に崩壊し、幅五～六メートルの渓流が五〇～六〇メートルに達し、田畑を埋没させ一時田倉川を満たしたと記録に残っている。そして翌年も、翌々年も豪雨によって土砂が流出し、谷の入口で三〇センチメートル、谷の奥で三メートルの土砂が堆積したといわれている。

この大水害の復旧のため、福井県の土木調査委員会が現地調査を実施し、一八九七（明治三〇）年の砂防法の施行に

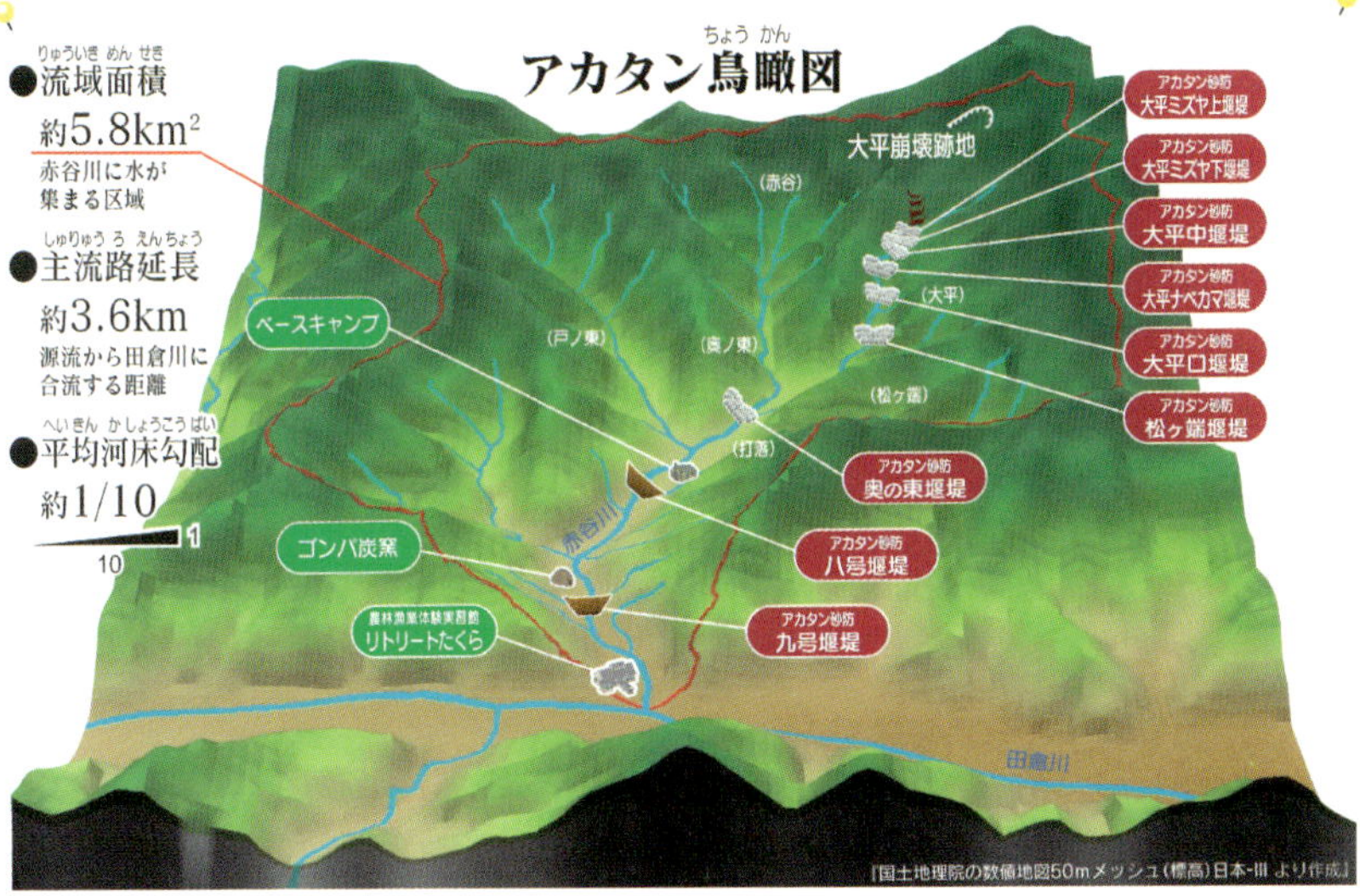

アカタン砂防堰堤群の位置図（出典：『アカタン砂防エコミュージアムマップ』）

基づき、県下で荒廃の著しい河川として、赤谷川を含む二四河川が第一期砂防工事の対象に選ばれた。そして一九〇〇（明治三三）年から、赤谷川でアカタン砂防の施工に着手した。アカタン砂防には、石堰堤、土堰堤、導水堤、護岸石積、床張工、杭柵、山腹石積、筋工、苗木植付などの様々な工法が用いられた。

九基で守る

アカタン砂防は、赤谷川の流路を一定させ、被害を拡大させないために、上流部では谷の浸食を食い止め、下流部では堆積物の流下を防ぐよう、赤谷川全体を考慮し、現地の地形に配慮して造られている。

杉林にひっそりたたずむ７号奥の東堰堤

上流から一～五番目の堰堤は流路工や落差工の役割を果たし、谷の浸食と崩落を防ぐことに主眼が置かれている。二番目の「大平ミズヤ下堰堤」は延長約六一メートルの段状の石張り流路工が接続しており、渓床勾配の緩和と渓岸の安定を図っている。三番目の「大平中堰堤」は斜めに配置した空石積堰堤により、流路を変えた水が左岸側の岩盤に滝のように流れるよう工夫がなされている。山脚部の浸食を防止するための構造と考えられる。

上流から六～九番目の堰堤は、左右いずれかの山脚部に水通しを寄せて、導流堤を持つ。これより渓床に堆積した土砂の流出を防ぐとともに、岩盤を露出させた流路に水を誘導し、渓床の浸食と堰堤の洗掘を避ける意図が見て取れる。中でも六番目の「松ヶ端《はな》堰堤」と七番目の「奥の東堰堤」は、導流堤を連結した大規模な堰堤である。松ヶ端堰堤は左岸側に水通しがあり、岩盤を掘削して造られている。堰堤頂部は導流堤に向かって低くなるよう勾配がついており、水通しに水を導き堰堤の越流を防いでいる。

材料は上流側七基が石、下流側二基が土である。法《のり》面《めん》は空石積堰堤が一割勾配、土堰堤が一割六分勾配である。

堰堤の石積みには主に上流に転がる岩石を使い、それは谷に散乱した岩石の除去にも役立った。石積みは「六個巻き」「七個巻き」と呼ばれる工法で、一つの石を中心に周囲を複数の石で取り囲むように積まれており、応力分散の効果がある。堰堤の基礎には一～二メートルの岩を並べ、表面には最大直径一・八メートルほどの岩を、内部には一〇～五〇センチメートルの石を詰めている。堤体下部には大きい石を、上部には小さい石を使っている。

堰堤群の中で最大の堤長一一二メートルの八番目の「八号堰堤」と、これに次ぐ堤長七二メートルの九番目の「九号堰堤」は土堰堤である。谷幅が広く勾配が比較的緩やかなため、土堰堤にしたと考えられる。八号堰堤の上流は杉林になり、八号堰堤と九号堰堤の間は水田として利用されている。堰堤が土砂の流下防止と谷の浸食防止の機能を十分に発揮してきたことを物語っている。

水を右側の岩盤に誘導する３号大平中堰堤

アカタン最大の八号堰堤。手前が導流堤

女性たちの「千本突き」

工事に携わった人の記録はないが、福井県は砂防専門官の大屋宇吉を岐阜から招いて監督に起用し、石積みにも岐阜から石積専門工の仙吉を招いたといわれている。当時の福井県職員録に「砂防管理員大屋卯吉

上流からの番号	名称	推定施工年度	構造・形式	堰堤部（m）		導流堤部（m）	
				堤高	堤長	幅	延長
1	アカタン砂防大平《おおびら》ミズヤ上《かみ》堰堤	1902（明治35）年	空石積堰堤	7.5	20.0	―	―
2	アカタン砂防大平《おおびら》ミズヤ下《しも》堰堤			3.0	7.0	―	―
3	アカタン砂防大平中《おおびらなか》堰堤	1903（明治36）年		7.5	27.5	―	―
4	アカタン砂防大平《おおびら》ナベカマ堰堤	1900（明治33）年		3.0	6.0	―	―
5	アカタン砂防大平口《おおびらぐち》堰堤			3.0	8.5	―	―
6	アカタン砂防松ヶ端《まつがはな》堰堤	1906（明治39）年		7.0	27.0	7.5	23.5
7	アカタン砂防奥《おく》の東《ひがし》堰堤			8.0	25.0	9.5	21.0
8	アカタン砂防八号堰堤		土堰堤	11	112.0	7.5	29.5
9	アカタン砂防九号堰堤	1903（明治36）年		6.0	72.0	11.5	68.0

アカタン砂防堰堤群の概要（出典：登録有形文化財登録資料）

九号堰堤上流の水田と下流の杉林

郎」とあるが、宇吉と同一人物か定かではない。多くの技術者が遠方から来て従事し、工事は約七年を要し、一九〇六（明治三九）年に完成した。

一日に二〇〇〜三〇〇人が工事に従事し、男性だけでなく、女性や子供も参加した。谷の上流に転がっている岩や石を引き出してくるのは男性の仕事であった。巨大な岩は、木馬《きんま》というそりに載せ、半分に割った丸太上を滑らせて近くまで運んだ。その後は男性が金テコで起し、女性がケンチョウと呼ばれるロープやフジ蔓を引っ掛けて、引き転がして運んだ。女性でも六〇キログラムぐらいの荷を運んだ。砂や砂利はパイスケという籠に入れ、小さい岩は背負子と思われるセイタに縛りつけて背負って運んだ。大きい岩はフジなどの蔓で編んだワッサという平らな籠にくるみ、竿に下げて、岩の大きさに合わせて二〜八人で運んだ。建設は人力に頼り大変な重労働であったが、硬い岩盤に流路を掘削する際にはダイナマイトが用いられた。

土堰堤の突き固めは女性が「千本突き」という方法で行った。四〇～五〇人が一〇人ずつの列を作って突き棒を持ち、美声の音頭で土を突き固めた。

機能するための秘策

明治時代は、政府が一斉に砂防事業を開始した時期である。それまでの山腹工の改良普及に加え、常時流水のある場所で不安定土砂を固定し、貯留・調節・山脚固定などの効果を発揮しようとする工法が認められるようになり、堰堤工が単独あるいは流路工と組み合わせて実施された。明治の砂防堰堤に用いられた空石積みの形態や技術は様々で、初期には土堰堤を主構造とし堰堤頂部と下流側の法面部を石積みとしていた。

空石積堰堤は、石と石との間をコンクリートなどで固めずに、石をうまく組合せて積む工法の堰堤であるため、石同士が結合されていないことから、下流部の洗掘が致命的な被害につながる。

前出の鬼谷川の石積堰堤は、完成後に出水で受けた損傷を修復して現在に至っている。

アカタン砂防の堰堤群が崩壊せずに残ってきたのは、導流堤により越流や洗掘を避ける構造であること、内部も石で水を通し水圧を逃がす構造であることにより堰堤群が機能し、その後大きな災害がなかったためであろう。

近代砂防発祥の地・滋賀県や明治期の砂防堰堤が今も残る岐阜県に近く、岐阜から人を招いたということから、アカタン砂防では、近県・県内の技術や教訓を反映したと思われる。

アカタン砂防入口の路面表示

アカタン砂防の再発見

谷の入口近くにある八号堰堤と九号堰堤は、人々に番号のままの名称で呼ばれてきた。九つあるとわかっていたが、上流の堰堤群は藪に隠れ忘れられていた。土や空石積みの堰堤は、多孔質で植物が繁茂しやすい。また豪雪地のため冬季は雪に閉ざされ山に入れないこと、堰堤群が機能してその後災害が発生しなかったこと、薪炭から化石燃料へ燃料事情が変わり、人が山に入らなくなったことが忘れられた原因ではないだろうか。

田倉川と暮らしの会の調査では、雪解け時期に水の落ちる音を頼りに、谷底に降りて探し発見することができた。ふるさとを守るため大事業に挑んだ人々への尊敬の念が、住民としてのアイデンティティーや誇りを見直させ、堰堤群の発見につながった。それは、村人が力を合わせて築いたアカタン砂防が、長い間、土砂災害防止や環境保全に機能を発揮し続けてきた証でもあった。

地域の意識を変えたアカタン砂防

アカタン砂防の入口にある農業体験施設「リトリートたくら」には、堰堤群の写真や図面などが常設展示され、堰堤発見に至る過程やアカタンの豊かな自然を知ることができる。また、語り部による堰堤群の歴史の解説やネイチャーゲームといったイベントが開催されている。二〇〇六（平成一八）年には、福井県が、ウッドチップ舗装された散策路や案内標識など自然景観を活かした整備を行い、子供からお年寄りまで気軽にアカタン砂防を訪れることができる

足にやさしいウッドチップ舗装

ようになった。

一方、周辺の谷でも砂防堰堤の発見が相次いでいる。このうちの一つ、アカタン砂防と同じ第一期砂防事業として施工された大鶴目谷の堰堤は、水通しが中央にある。三基の堰堤があると伝えられてきたうちの一つである。

アカタン砂防の活動がきっかけとなり、堰堤が発見された複数の谷のそれぞれで、堰堤保存の活動が始まっている。ふるさとを守ろうと村人達が築き、永くその役目を果たしてきたアカタン砂防は、今またふるさとの自然・歴史・文化を伝えようとする住民の活動に一役買っている。

発見された大鶴目谷の巨石堰堤

現地へのアクセス

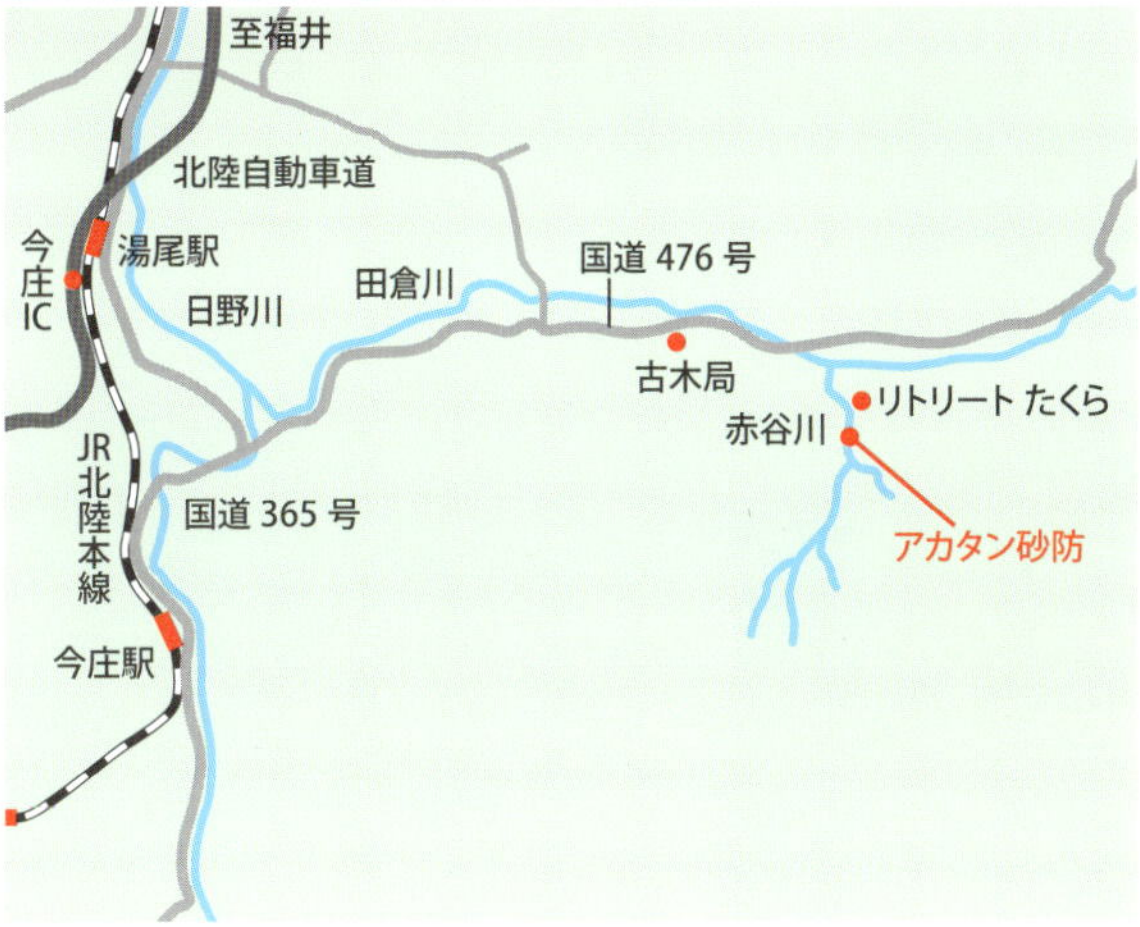

■ 北陸自動車道「今庄IC」から車で約10分。

近隣土木施設

えちぜん鉄道眼鏡橋

珍しい技術を採用した橋と思わせるトンネル

この橋（トンネル）は北陸線から三国港へ支線が敷設されたことにより、一九一三（大正二）年に建設された。永らく京福電気鉄道株式会社が運営していたが、二〇〇〇（平成一二）年と翌年の衝突事故を契機にこの路線の運休・廃止届けが出されていた。しかし、沿線住民の要望によって第三セクター方式での存続が決定。二〇〇三（平成一五）年七月二〇日にえちぜん鉄道株式会社として運行を開始し、八月一〇日には西長田～三国港が開通し、三国芦原線全線の営業が再開した。橋（トンネル）の形式は、斜角右六〇度の斜めアーチ、半円断面のトンネルで、煉瓦造りの「ねじりまんぽ」と呼ばれる珍しい技術を採用している。「まんぽ（間歩）」とは鉄道の線路をくぐるトンネルを意味する方言。正式には斜拱渠《しゃきょうきょ》と言い、強度を高めるために煉瓦を斜めに積んだトンネル。この技法は、明治初期から四〇年ほど関西を中心に用いられた。現在、全国で二九カ所しか確認されず、福井県内ではこの橋のみである。二〇〇四（平成一六）年、国登録有形文化財に登録。著名な類似例として、京都蹴上にある琵琶湖疏水関連のインクラインをくぐるものがある。

所在地　福井県坂井市

【ねじりまんぽ】

類似土木施設

羽根谷砂防堰堤

歴史的砂防堰堤

オランダ人の水理工師デ・レーケが「川を治めるにはまず山を治める」との理念のもと、禿げ山の山腹工、植栽、土留めの巨石積堰堤の築造などを指導した施設で、一八八八（明治二一）年に設置された。羽根谷砂防堰堤（第一堰堤）は巨石空積みの堤高一二メートル、堤長五二メートルで、羽根谷砂防堰堤は巨石石造の堤高一〇・四メートル、堤長八五メートルである。明治初期の石積砂防堰堤としては最大規模を誇り、現在も大きな狂いがないことに、当時の技術水準の高さがうかがえる。二つの堰堤は国の有形登録文化財。

所在地　岐阜県海津市

【第一堰堤】（提供：岐阜県土整備部砂防課）

【羽根谷砂防堰堤】

◆現地を訪れるなら◆

アカタン砂防を見て回るなら、道が狭く荒れていることから軽トラが無難。ニホンカモシカにも会えるかも。そしてお腹が空いたら、下流にある「リトリートたくら」という施設にあるレストラン「食味館」がお勧め。今庄の清らかな水で育まれた「たんちょう餅米」（晩稲で粘りがあって美味しい）を杵でついたお餅や、今庄産の全粒そば粉と自然薯を使用した手打ちそばが人気だ。

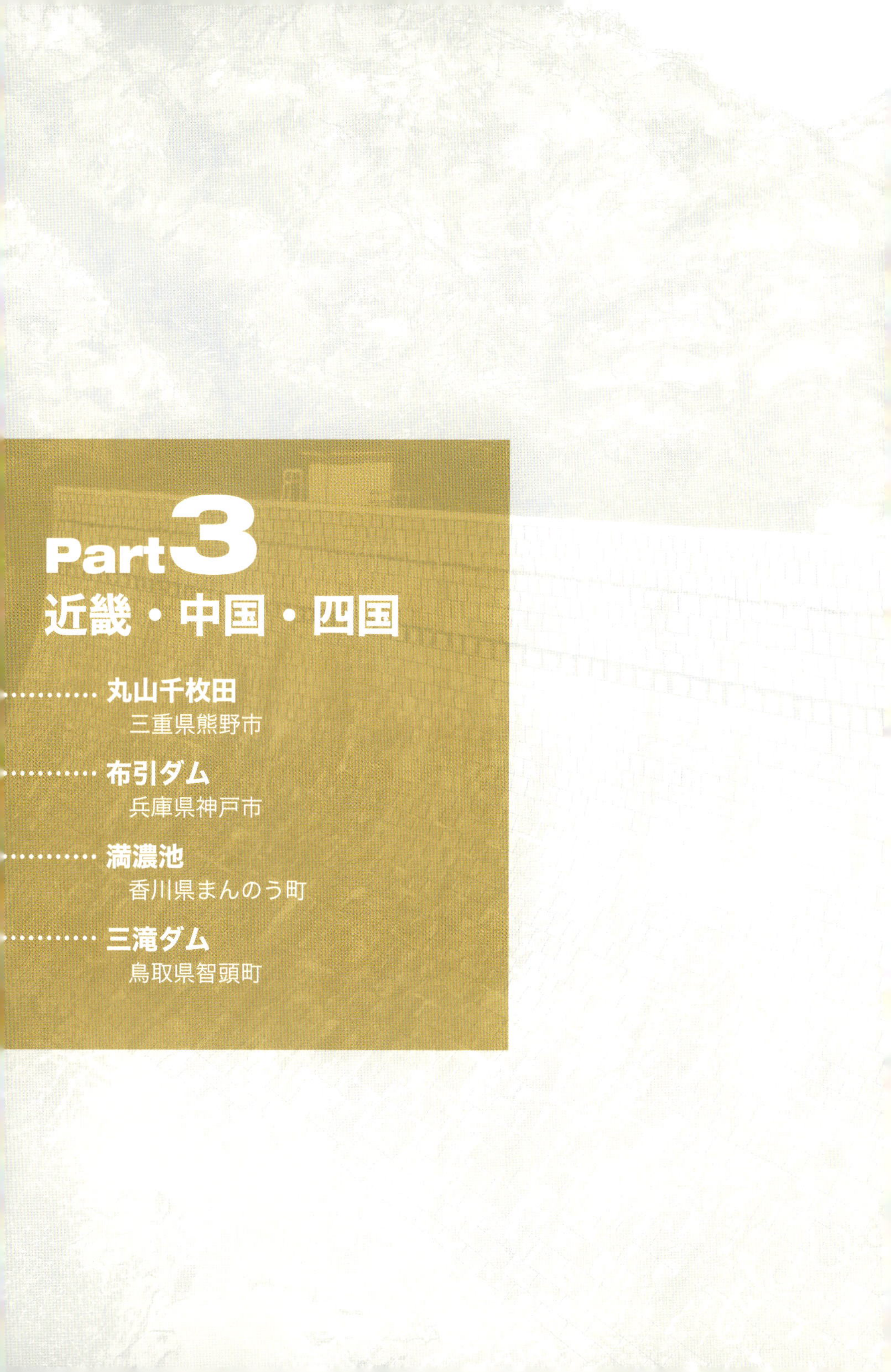

Part 3
近畿・中国・四国

……… **丸山千枚田**
三重県熊野市

……… **布引ダム**
兵庫県神戸市

……… **満濃池**
香川県まんのう町

……… **三滝ダム**
鳥取県智頭町

Engineering's Heritage

【三重県熊野市】丸山千枚田

小さな山村にある壮大な棚田

耕して天に至る

丸山千枚田は、紀伊山地の山中、三重県南端近くの熊野市紀和町にある。千枚田のある丸山地区は、町の東部にある白倉《しらくら》山（標高七三六メートル）の山麓に位置しており、鬱蒼とした杉林の続く山中を行くと、暗い道の切れ間から、眼下に広がる美しい棚田を見ることができる。

「耕して天に至る」と形容される棚田の風景は、見る人を感動させるふるさととの原風景でもある。その維持・保全の取り組みを積極的に評価し、農業・農村に対する理解を深めるため、一九九九（平成一一）年七月、農林水産省により「日本の棚田百選」として、一一七市町村の一三四カ所に及ぶ棚田が認定された。気候的な制約もあることから、棚田は西日本に多く分布しており、枚数の多さから千枚田と呼ばれているものもあるが、実際に千枚以上の田を持つ棚田はわずかである。しかし紀和町丸山の千枚田は、その名の通り千を超え、名実ともに千枚田と呼ぶに相応しい日本最大規模の棚田であり、その壮大さは見る者を圧倒する。

この景観が形成されるまでの間、山中の開墾作業は並々ならぬ労苦があったはずである。なぜ、小さな山村であるこの地に、日本最大規模を擁する棚田が造られたのだろうか。

奈良の大仏建立を支えた町

紀和町は二〇〇五（平成一七）年一一月に合併した熊野市の南西部にあり、瀞《どろ》峡、瀞八丁で知られる北山川、熊野川を隔てて和歌山県と奈良県の県境に位置している。町の総面積の約九〇パーセントが山林で占められ、耕地の大部分は山の斜面に拓かれている。豊か

眼下に広がる美しい丸山千枚田

稲刈りの真っ最中

な自然と温暖な気候に恵まれ、年平均気温一六度、年間降水量は約三〇〇〇ミリメートルと多雨地帯で、積雪はほとんどなく、年数回降ったとしてもすぐに消えてしまう程度である。一方、気温の日較差は大きく、海岸部と比べて寒暖の差は大きい。

紀伊半島の地盤は火成岩類が広く分布しており、

丸山は流紋岩地帯に位置している。これらが母体となって、銅を中心とした金属鉱床が紀和町の各地に存在しており、奈良の大仏が建立されたときに、この地から大量の銅が供出されたという説があるなど、古くから鉱山の歴史がある。昭和初期には、鉱業の発展により人口が一万人を超え、鉱山は町を支える重要な資源であった。

石の神が見守る棚田

丸山千枚田は標高一一〇〜二九〇メートルの傾斜約一四度の西向斜面に、雛壇状に一〇〇段近く展開しており、石積みの畦畔《けいはん》の高さは平均一・一メートル、形態は等高線型区画である。石積みのほとんどは野面《のづら》石の乱層積みである。野面石とは山野に転がっている自然石のことで、乱層積みとは不定形の石を巧みに組み合わせながら堅固に積む手法である。丸山の畦《あぜ》造りには、身近に手に入る石はすべて利用されており、野面石は、積むのに不都合があれば砕き、形と大きさが不揃いでも、構わずに組み合わせて積まれている。大きな岩があるところは、そのままかあるいは避けて田を作ってきたため、千枚田のいたるところに不自然に大きな石が埋まっている。中でも「大石」と呼ばれる巨石は圧巻である。

鎮座する大石

丸山千枚田の造りは、総石垣積み、下部が石積みで上部は土坡《どは》、土坡のみの三種類がある。総石垣積みの棚田は急な勾配のある場所に多く、上部土坡と土坡のみの仕上げが多いのは、千枚田の下半分の棚田である。これらの石垣は動力機械のない古い時代に、村人たちがコツコツと造り続けてきたものである。

千枚田の一角に丸山神社がある。石凝姥命《いしこりどめのみこと》が祀られており、この神様は鍛冶の祖、あるいは石の神といわれている。棚田の中に「石」の神である。丸山にこの神様を祀った理由は明らかではないが、棚田の石垣、熊野古道の石畳、鉱山の発展を考えると、むしろ石工職人が多い土地柄だったことが想像され、千枚田の石垣づくりにその知恵が活かされた可能性は高い。

田んぼを潤す水の仕掛け

丸山千枚田は、日本一の多雨地域という恵まれた環境にあり、棚田を潤す水は、丸山川から堰を設けて取水するほか、集落内から湧き出す六筋の系統を水源と

形も大きさも様々な丸山の石積み

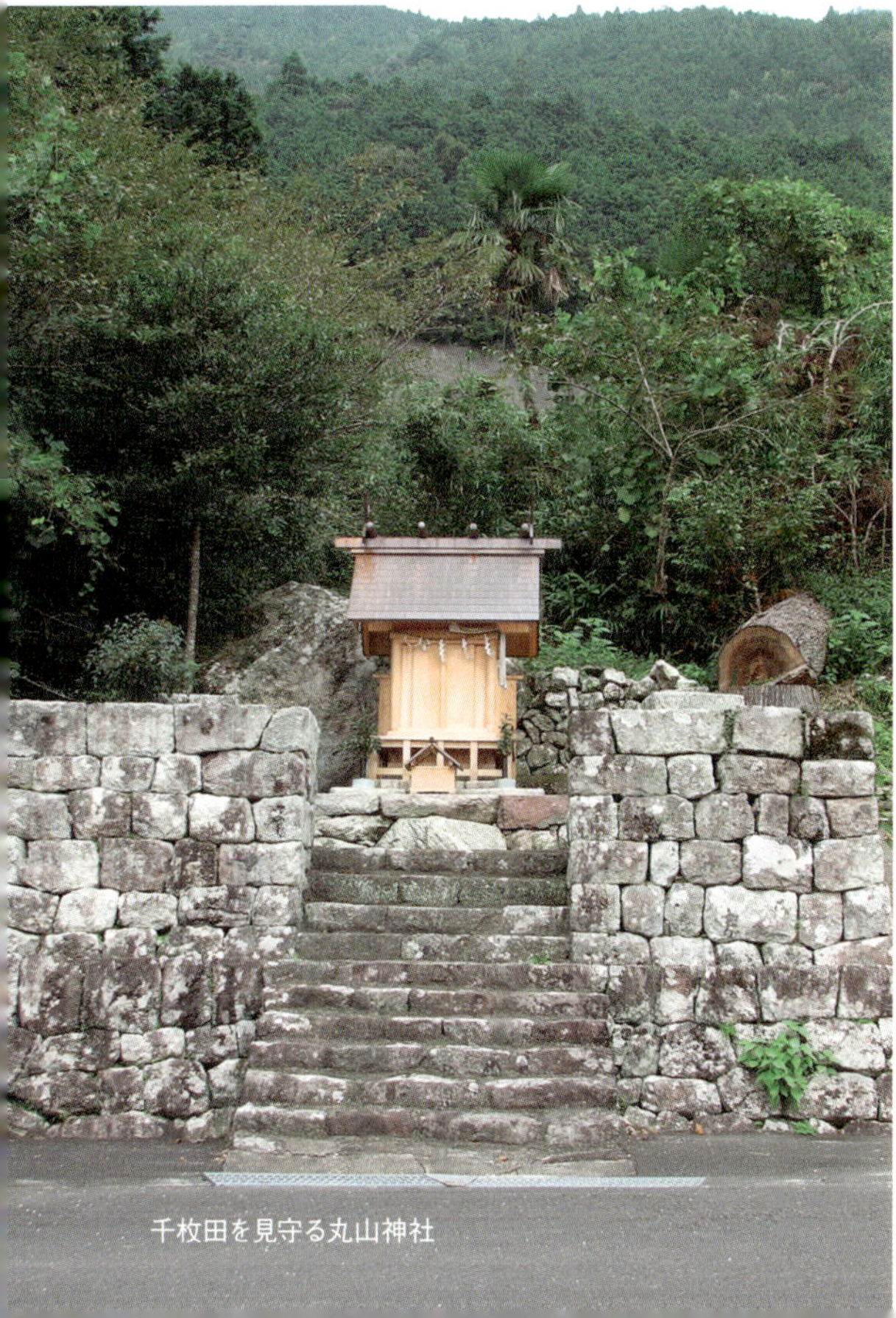

千枚田を見守る丸山神社

水源の一つの丸山川

沢水を暖める工夫の副水路

している。各水源から用水路で導かれた水は、棚田群の最上段の田に落とされた後、雛壇状に構成された田の、水口から水口を経て、一枚ごとに上の田から下の田へ流される。

高低差はいろいろであるが、うねるように折り重なる田の高さはそれぞれ微妙に違っている。この方法は「田ごし」とも「畦ごし」ともいわれ、丸山千枚田の給水の基本になっている。この畦ごし田んぼ群の中には「水通し田」といわれる水路を兼ねた田もある。この田を通った水は、さらに水路で下流の別の畦ごし田んぼ群を潤している。この通水方法は、古い時代の水田開発の手法といわれており、丸山では今も現役であるが、現在ではゴム製の黒いパイプも使用されている。

丸山に四カ所ある堰は、水を田に引くために川の水を堰き止めた小さなダムのようなものである。堰の位置、水路、田への受給水経路などの配水システムは計画的で、基本に測量技術を含む、大規模な工事であったと想定されるが、残念なことに史料は残されていない。

地すべりを防ぎ生きものを育む

棚田の機能は、米を作る生産の場としての役割だけでなく、多面性を有するといわれる。その多面性とは、第一に保水・洪水調節・土壌侵食防止などの国土・環境保全、第二に両生類・魚類・昆虫・鳥類・哺乳動物など多様で独自性を持った生態系保全の役割、さらに日本人の原風景といわれる棚田景観の文化的価値などである。

中でも国土・環境保全の役割については近年注目されている。棚田は地すべり地帯に開拓されたものが多く、耕作放棄により再び地すべりが発生したという報告もある。粘土質の田は水が入らない年が一年でもあると、深いひび割れができ、それまで浸透しなかった地中深くに水が浸透するようになる。そこに降雨・融雪による地下水の上昇や、地震・火山活動による斜面形状の変化などが起こると、斜面上の土塊が不安定化して地すべりが発生するのである。

耕作放棄された田にもぐらが小さな穴を開け、これがたちまち大きな陥没になったという

集落内の水源から湧き出す水

話を聞いた。棚田に水を引き入れる、溜める、田を耕し、畦畔を整備するという、米を作るために行う当たり前のことが、国土保全につながっている。

棚田が持つ役割は生産の場としてが第一であり、国土保全機能については、二次的な効果と考えられる。しかしながら、耕作放棄された田は荒廃の進行が早く、洪水や地すべりなどを引き起こす可能性を持っていることを心に留める必要がある。

後継者がいない

丸山地区の棚田がいつ頃拓かれたかは不明であるが、すでに一七世紀初頭の慶長年間には存在していたことを示す史料『検地帳』が残っている。

水田の枚数は当時二二四〇枚（約七・一ヘクタール）あったとの記録があり、明治時代には二四〇〇枚（約一二・三ヘクタール）以上まで広がった。その後昭和三〇年代までは、ほぼそのままの姿がとどめられていたが、一九七八（昭和五三）年、町の基幹産業である鉱山が閉山したことにより急速に過疎化が進んだ。後継者不足と高齢化等により、作業効率のきわめて悪い棚田は放棄されるようになり、荒廃地が増加してきた。丸山千枚田は、第二次世界大戦後の食糧難の時代でも二四〇〇枚以上あったものが、一九九三（平成五）年には約五三〇枚（三ヘクタール）まで減少

うねるように折り重なる田

し、存亡の危機にさらされた。

住民の思いが棚田を生き返らせた

このような危機的状況に、「先祖から受け継いだ千枚田を復元したい」という地元住民の熱意と、「千枚田を復元することで、地域活性化につなげたい」とする行政の思いが一致し、一九九三年から一旦放棄されていた棚田の復田に取り組み始めた。丸山地区の農家三一戸で結成された千枚田保存会の働きかけにより、翌年には全国でも初めての「紀和町丸山千枚田条例（現熊野市丸山千枚田条例）」が制定された。一九九六（平成八）年からは千枚田オーナー制度にも取り組み、さらに一九九九（平成一一）年からは

立て札はオーナー棚田の証

丸山千枚田を守る会の会員も募集している。千枚田オーナー制度は、一般の人に一口三万円で一年間、約一〇〇平方メートルの水田のオーナーになってもらい、稲作に参加してもらう。オーナーには、千枚田でとれた米と、年二回季節の野菜が送付される。

復田開始からわずか四年の間に八一〇枚（二・四ヘクタール）が順次復田され、地元農家の耕作枚数と合わせて一三四〇枚（約七ヘクタール）が耕作され、現在もその保全活動が行われている。

受け継がれた誇りとふるさとの原風景

千枚田復元の取り組みを契機に棚田は全国的にも注目を

棚田を守るヒガンバナ

浴び始め、棚田百選の認定、棚田学会の設立、全国棚田（千枚田）サミットの開催のほか、全国で棚田のネットワークが広がっている。

棚田は美しい。しかし、そこにはその美しさを守る人々の苦労がある。一枚の田は大きい方が効率が良い、と今の私たちは考えがちである。しかし、大きな田を作るには、高い石垣や畦畔が必要で、相当の労力が要る。だから丸山の棚田は小さく、低い石垣が多い。そうやって作った一枚一枚の田が、丸山千枚田という美しい景観を生み出している。

丸山の人々は、生活のために田んぼを作った。『棚田の謎　千枚田はどうしてできたのか』には「丸山の人口増加は日本の人口変動に連動しており、日本中の村々で新田開発が行われた同時期に、丸山は大きな開拓が行われ、その反映として戸数と人口が増えたのであろう」とある。田を広げ、定住する人々が増え、さらに田を広げていった。全国的な新田開発の広がりの中で、丸山千枚田も少しずつ、少しずつ大きくなっていった。そこには、銅を中心とした豊富な資源を活用するための鉱山技術、熊野古道の石畳に見られる石積みの技術など、この地独自の技術を持つ人々の知恵が活かされていたと考えられる。しかし、現在この地に日本最大規模の棚田があるのは、何世代にもわたる努力の結晶を、丸山の人々が守り続けてきたからである。

豊かに実る稲穂

現地へのアクセス

■ JR紀勢本線「熊野市駅」からバス「瀞流荘行き」乗車35分「千枚田・通り峠入口」下車。徒歩30分。
■ 紀勢自動車道「尾鷲北IC」から車で約65分。

近隣土木施設

鬼ヶ城歩道トンネル（木本隧道）

大正期最長の道路用煉瓦トンネル

熊野古道の難所の一つであった標高一三五メートルの松本峠に、トンネルを含む道路を建設する計画は、一九二一（大正一〇）年の三重県議会に上程され、一九二四（大正一三）年度から三年間の事業となった。ここに延長五〇九メートル、高さ四・四メートル、幅員四・二四メートルの木本隧道の建設がスタートした。掘削工法は当時の標準である日本式掘削工法で発破を使用した。覆工は二〇四・三メートル区間のみに施され、アーチが煉瓦、壁が煉瓦と場所打ちコンクリートの併用で、煉瓦の巻厚は地質に応じて三～五枚巻とし、その他の区間は地質が良好であったため無巻とした。そして一九二六（大正一五）年六月三〇日に竣工し、同年七月二六日に開通式が挙行された。現在、松本峠の下には海側から国道四二号の「鬼ヶ城《おにがじょう》トンネル」（延長五七〇メートル、一九六四年開通）「木本隧道」紀勢本線の「木本トンネル」（延長八九一メートル、一九五六年開通）の三本のトンネルが貫いており、木本隧道は「鬼ヶ城歩道トンネル」と改称されて乗用車、二輪車、人の専用道として用いられている。

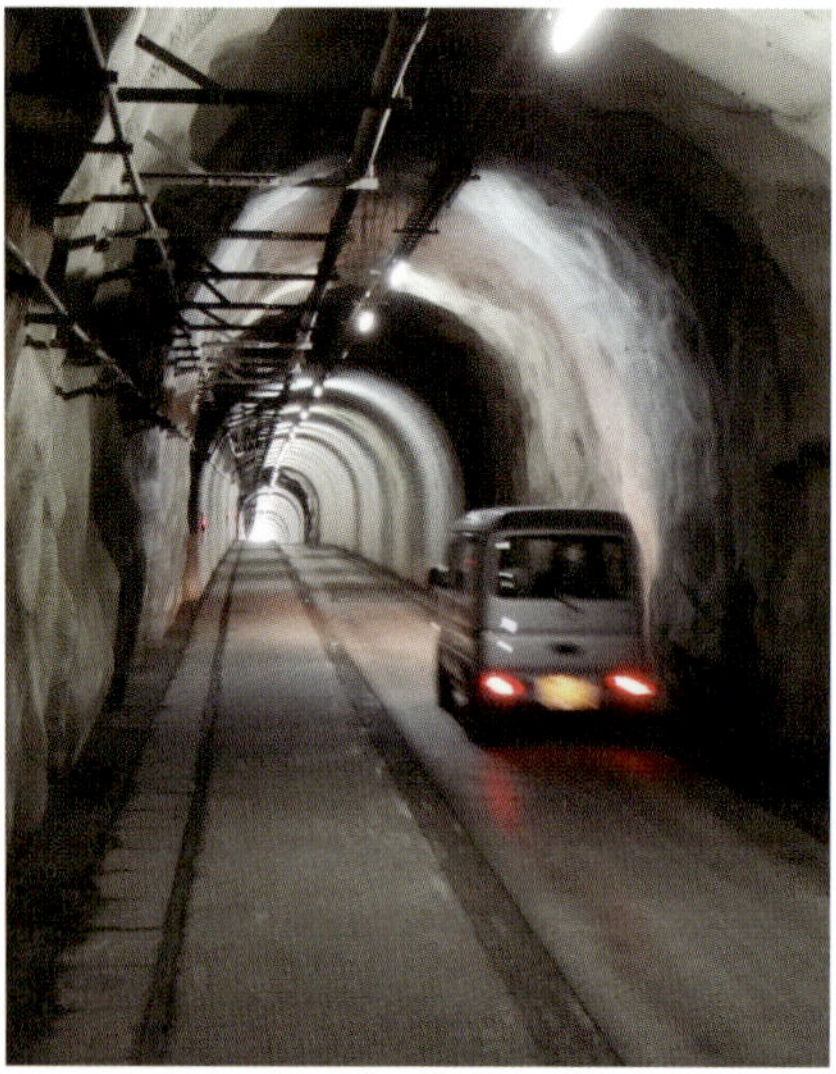

所在地　三重県熊野市

類似土木施設

白米《しろよね》千枚田

千枚を超える棚田

白米千枚田の棚田は国指定部分で一〇〇四枚のミニ水田からなっている。国道二四九号と日本海との間にあり、崖のように切り立った地すべりが起きやすい高い土手をなくすため、斜面を何段にも分けて開拓した結果、このように細かい千枚田ができたという。そのため「狭い田」から「千枚田」になったという異説もある。一六三八（寛永一五）年頃、能登小代官に赴任中の下村兵四朗（後の板屋兵四朗）が築造したという谷山用水が利用されている。棚田の造型模様は美しく、二〇〇一（平成一三）年に国の名勝に指定された。

所在地　石川県輪島市

（提供：輪島市観光協会）

◆現地を訪れるなら◆

風伝峠は三重県南牟婁郡御浜町と熊野市紀和町の境にある峠で、熊野古道伊勢路本宮道の一部であり、峠道の約二キロメートルが世界遺産になっている。丸山千枚田の南にある通り峠は、その風伝峠から吉野方面へ通じる北山道として古くから使われている。世界遺産とはなっていない熊野古道（近畿自然歩道）で、石畳道や展望台からの丸山千枚田の美しい景色などが楽しめる。

Engineering's Heritage

【兵庫県神戸市】
布引ダム
日本初の重力式コンクリートダム

赤道を越えても腐らないKobe water

山陽新幹線新神戸駅の北側にある遊歩道を、生田川の渓流に沿って登っていくと目の前に巨大な石張り堰堤が現れる。この堰堤は俗称を布引ダム、正式には布引五本松堰堤という。水道専用施設として、一九〇〇（明治三三）年に建設された、日本で最初の重力式コンクリートダムである。堰堤高三三・三三メートル、堰堤頂長さ一一〇・三メートル、有効貯水容量は約七六万立方メートルを誇り、規模は当時の日本最大級で市民三五万人に給水する計画であった。堤体の表面は型枠がわりに使用された石積みで覆われ、巨大な城壁を思わせる。堤体の上部にはデンテル（歯飾り）が施されており、ヨーロッパ古典様式の風格ある外観を呈している。

神戸市の水道施設は、横浜市、函館市、長崎市、大

渓谷に現れる巨大な城壁、布引ダム

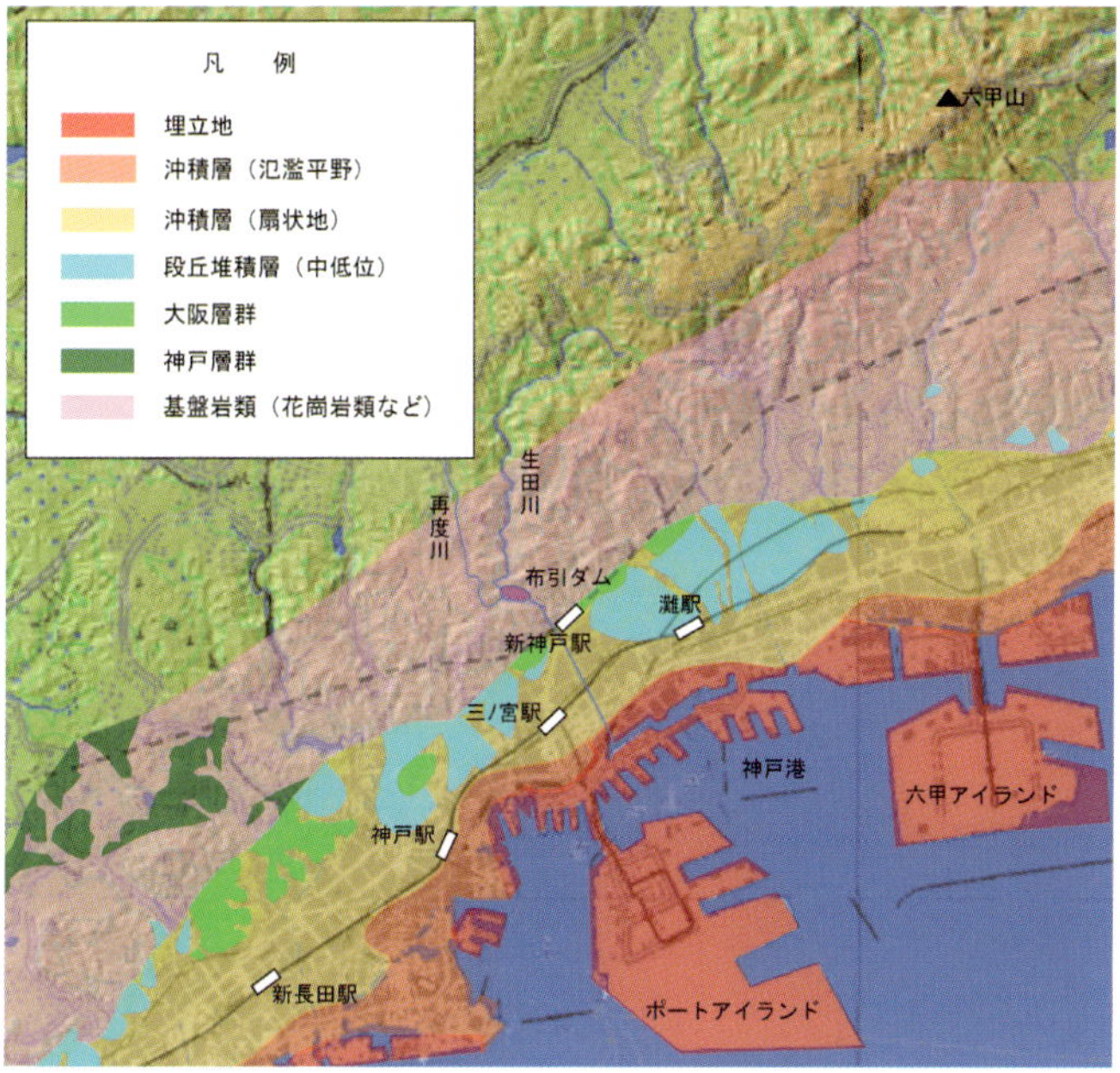

神戸地域の地質図（ランドサット地図を基に作製：小澤宏二）

阪市、東京都、広島市に次ぐ日本で七番目にできた近代的水道施設であり、その水道水は「赤道を越えても腐らない水」として世界の船舶関係者から称賛されるなど、「Kobe water」の名で親しまれていた。この水の水源地となる布引ダムは、阪神淡路大震災にも耐え、建設から一〇〇年を経過した現在も神戸市の貴重な水源となっている。

布引ダムは一九九八（平成一〇）年に文化庁より登録有形文化財に登録され、さらに二〇〇六（平成一八）年七月には、布引ダムをはじめ神戸市中央区の布引水源地の九施設が、国の重要文化財に指定された。なかでも布引ダムは、日本人技師が手掛けた日本初の重力式コンクリートダムとして、土木技術史上の価値が高い。

なぜこの地にダムが建設されたのか。どのような歴史的地形的要因があったのだろうか。

六甲のおいしい水

神戸市の水道布設計画にはH・S・パーマー案とW・K・バルトン案があり、いずれも布引の渓流利用が含まれていた。布引渓谷を流れる生田川は、六甲山系から神戸の中央部を海に向かって流れる神戸のシンボルともいえる歴史ある川である。

六甲山系の地質は、大別すると六甲花崗岩と布引花崗閃緑岩《せんりょくがん》という二つの花崗岩類からなっており、約一〇〇万年前に六甲変動と呼ばれる地殻変動によって隆

ヨーロッパの古典様式を受け継ぐデンテル（歯飾り）

起した山である。六甲山系と扇状地はほぼ直線状に区切られ、南側は海に緩やかに傾斜してできた扇状地であり、背後は急峻な地形となっている。布引渓谷はこの急峻な地形が浸食されてできた渓谷であり、布引ダムの下流には「布引の滝」と称される雄滝《おんたき》、夫婦滝《めおとたき》、鼓ヶ滝《つづみがたき》、雌滝《めんたき》の四つの滝が連なる。落差約四三メートルの雄滝は日光の華厳の滝、紀州の那智の滝とともに日本三大神滝の一つに数えられ、神戸の名瀑として知られる。

このような地形的特性から、神戸の水が集積される布引渓谷に水道水源を求めたのは、自然の摂理ともいえる。布引渓流の水質は、現在もなお清浄に保たれている。その水は環境省の「日本の名水百選」にも選ばれている。

苦節一〇年　紆余曲折

神戸の水道は一八八八（明治二一）年、前年に完成した横浜の水道布設を立案したパーマーによって計画された。当時の給水人口は一三万人、水源を布引渓谷及び再度《ふたたび》渓谷とし、濾過池（配水池）は井垣池（堰堤を有しない掘込貯水池）方式として、ここから自然水圧で配水する計画であった。総工費は四〇万円（現在の約二五億円）、当時の一般の人々の水道布設への関心はゼロに近く、関心を持つ者ですら四〇万円には難色を示し、水道計画には慎重派が大多数を占めた。

一八八九（明治二二）年には神戸に市制が敷かれた

が、人口増加による飲料水不足が続く中、翌年にはコレラが大流行、一〇〇〇人あまりの死者を出すに至り、これを契機として再び水道布設の気運が高まった。この間、国際貿易港としての神戸の発展はめざましく、かつてのパーマーの計画は、地形的要因から貯水容量の増大を多く見込むことができない井垣池方式であったため、再検討を余儀なくされた。

神戸市は一八九二（明治二五）年六月、内務省のお雇い工師であったイギリス人技師バルトンに水道施設の設計を委託した。翌年七月には、市議会は水道布設計画を可決し、ようやく事業が動き出したかに見えた。バルトンの計画では、給水人口を一五万人、将来推定人口を二五万人と見積り、将来を見据えた渇水対策として貯水池建造が盛り込まれた。貯水池は内面石張り、外面芝張りの土堰堤で、堤高一九・七メートル、貯水容量は約三一万立方メートルである。バルトン案に基づく神戸市水道計画は同年九月、政府の承認を得たが、政府の助成事業予算は国会提出に至らず、日清戦争の勃発により頓挫し、戦争終結後の一八九六

日本三大神滝の一つ、神戸の名瀑雄滝

分水堰堤・分水堰堤付属橋（国の重要文化財）

（明治二九）年四月に認可となった。この間、神戸港は横浜とならび内外貿易、物資輸送の拠点としての地歩を確たるものとした。

一八九七（明治三〇）年四月、バルトン案をもとに着工するものの、当時の給水人口は三五万人に膨れ上がるなど急激な都市の発展と物価高騰に対処するため、水道布設計画は大幅な変更が必要となった。

こうして、バルトンの原設計に佐野藤次郎を始めとした技術者が修正を加える形で設計が進められ、一八九八（明治三一）年五月、内務省は神戸市から出されていた設計の一部変更を認可した。ダムの貯水容量を増やすため、堰堤を高くしコンクリート堰堤に変更した。実にパーマーの案から一〇年の歳月が流れていた。

神戸の水道計画は、社会経済情勢による紆余曲折を経る中、頓挫を繰り返し、その間の急激な都市化による給水人口の増加が、その計画の見直しを容赦なく迫った結果として、今日の原形が出来上がったといえよう。

バルトンと藤次郎

一八九六（明治二九）年一一月に発足した神戸市水道事務所は、水道計画の変更に備え、大阪市より藤次郎を呼んでいた。一八九九（明治三二）年三月、工事長となった藤次郎は布引ダムの本体工事に着手した。

一八九一（明治二四）年に帝国大学土木工学科を卒業した藤次郎は、大阪市の水道建設に従事し、水道鋳鉄管購入・検査のためスコットランドのグラスゴーに二年間滞在した経験を持つ。また、帝国大学の衛生工学教師であったバルトンの教え子でもある。日本で最初のコンクリートダムを設計・建設した過程には、国際的視野を持ち新技術導入に対する強い執着心だけでなく、その技術を支えたバルトンの尽力によるところが大きい。

明治初め、欧米諸国では、高さ三〇メートル前後の重力式コンクリートダムが次々と竣工し、設計理論も進歩していた。布引ダムではこれら最新の理論も取り入れながら、設計及び工事が行われた。

また藤次郎は当時、スコットランドやインドで新工法を体験するとともに、アメリカの最新技術であるマルチプル・アーチ構造も学んでいた。最晩年の仕事となった香川県の豊念池ダムでは、巨大な水圧に耐える堅固な堰堤として五個のアーチ、六個の扶壁を配した

雌滝取水堰堤・取水井（国の重要文化財）

静寂かつ雄大なる布引ダムの湖

マルチプル・アーチダムを採用した。優れた景観と独創性を演出する布引ダムは、豊念池ダムと通ずるものがあり、工学博士佐野藤次郎の卓越した設計思想が垣間見える。

布引ダムの全容

完成した布引ダムの概要は、集水面積一〇・七平方キロメートル、有効容積約七六万立方メートル、貯水池満水面積約五・七万平方メートル、水深二九・八メートル、堰長一一〇・三メートル（堰頂幅三・六メートル）、堰敷幅二三・八メートルの規模を有する。

堰堤外面の壁は、割石や切石等で石積みされ、石と石の接合部分にセメントモルタルが埋め込まれた。外面の石積みには控え四五～六〇センチメートルの間知石が用いられ、堰堤建造時の型枠としても使用された。堰堤内面は厚さ九〇センチメートルのコンクリートとし、これより外面の石積みにいたる間はコンクリートに現地発生材の粗石を詰め込んでいる。堤体へ粗石を入れることは、堤体重量を増すとともに高価なセメントの節約に配慮したものである。また、堤体には小孔をつけた内径三・八センチメートル（一・五インチ）の小鉄管を、縦横各三メートル（一〇尺）間隔九段横列の合計一五七本埋め込み、堤体内部の浸透水を堤防外面の小孔より排水し、堤体浸透水による揚圧力

建設当時の布引ダム（明治 33 年 7 月 14 日撮影）
（出典：『布引水源地水道施設記録誌』）

建設当時の布引ダム俯瞰
（出典：『布引水源地水道施設記録誌』）

建設現場の様子（堰堤下流側）（出典：『布引水源地水道施設記録誌』）

ダム建設に携わった技術者を記す石造銘板（出典：『布引水源地水道施設記録誌』）

を防ぐ対策を施した。浸透水による揚圧力対策は、一八九五（明治二八）年に崩落したフランスのブーゼイダムの事故原因となったダム底面への浸透水を排除する新しい工夫が盛り込まれたものである。

　堰堤の中央部内面には半円形の取水塔がある。取水は内径三〇・五センチメートルの導水管に制水弁つきの支管を取付け、最上部のものは満水面下五・五四メートルのところで池中に突出し、他の三つの支管も上から六メートルおきに配置され、その突出の方向をそれぞれ別にした。これにより、貯水位の増減に応じて取水できるようになっている。

　ダムの水を放流する洪水吐は最大で毎秒三六・二立方メートルの洪水を放流するものとし、下流に向かってダムの左側に全長七〇・四五メート

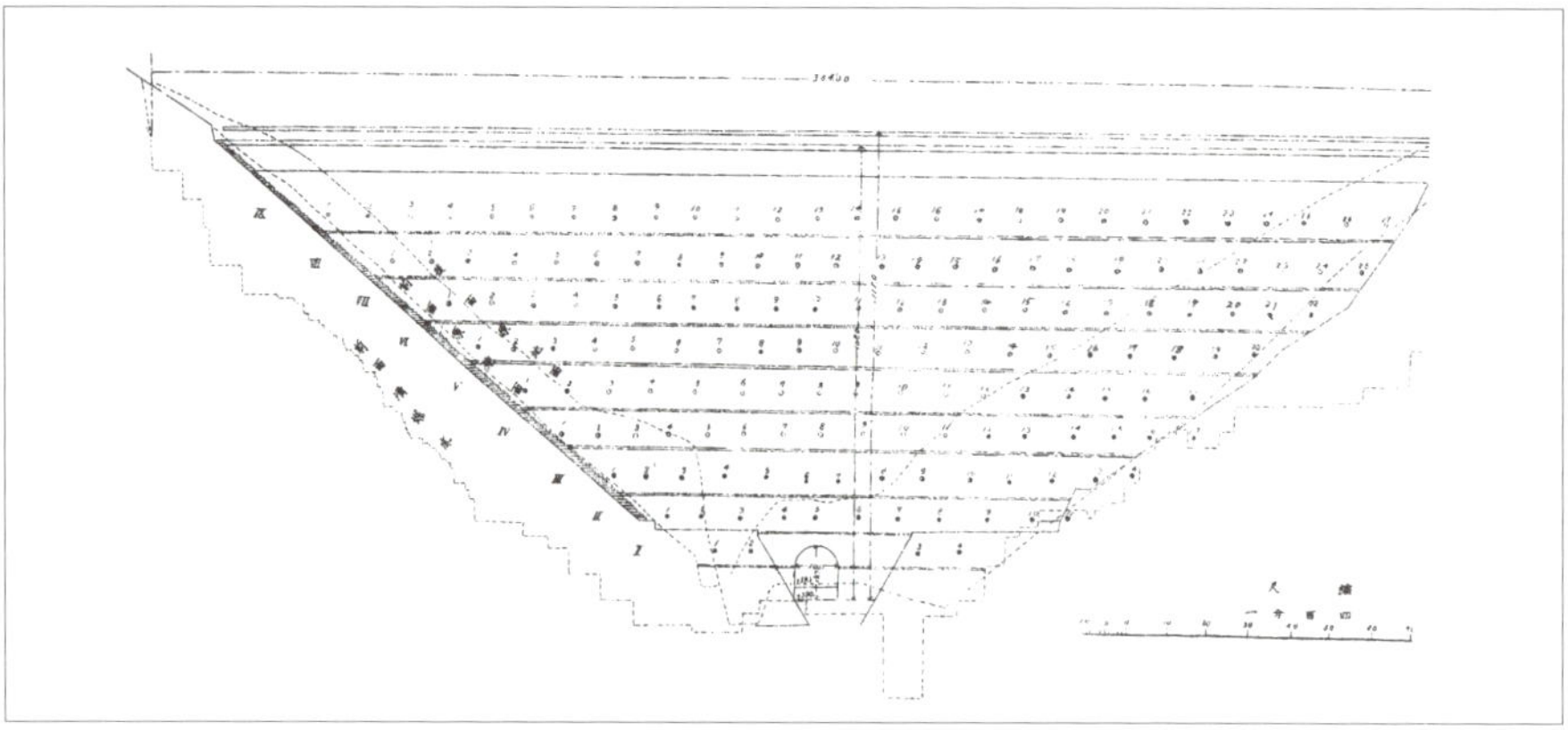

堤体内部における過大な水圧を排除する多孔管配置図（工學會誌 237 巻の十号図）
（出典：『布引水源地水道施設記録誌』）

ル、越流部の堤高一・四二メートルで設置され、洪水吐の上に管理橋を架けた。当時は、ダム本体に洪水吐を設けたり、洪水を越流させる考えは最初からなかったようである。なお、洪水吐は後に、ダム流入口からバイパス放水路が造られたため、その役割を大幅に減じた。

今も昔の地形を残す放水路（右は洪水吐越流部）

心も潤す布引ダム

布引ダムでは、一九九五（平成七）年に発生した阪神淡路大震災の影響により漏水量が増えたことから、二〇〇一（平成一三）年から堤体の耐震補強と堆積した土砂の浚渫工事が進められた。これと合わせ、水辺の環境整備や歴史的構造物の保全整備などが進められ、工事は二〇〇五（平成一七）年に完成した。

現在、布引ダムはライトアップも行われ、新幹線新神戸駅横と六甲山上ハーブ園をつなぐロープウェイのゴンドラからも眺めることができる。Kobe waterを象徴するこの歴史的土木構造物は、現役の水道施設であると同時に、市民の憩いの場、観光資源としても活用されている。

布引渓谷遊歩道（展望公園）から望む神戸の街並み

現地へのアクセス

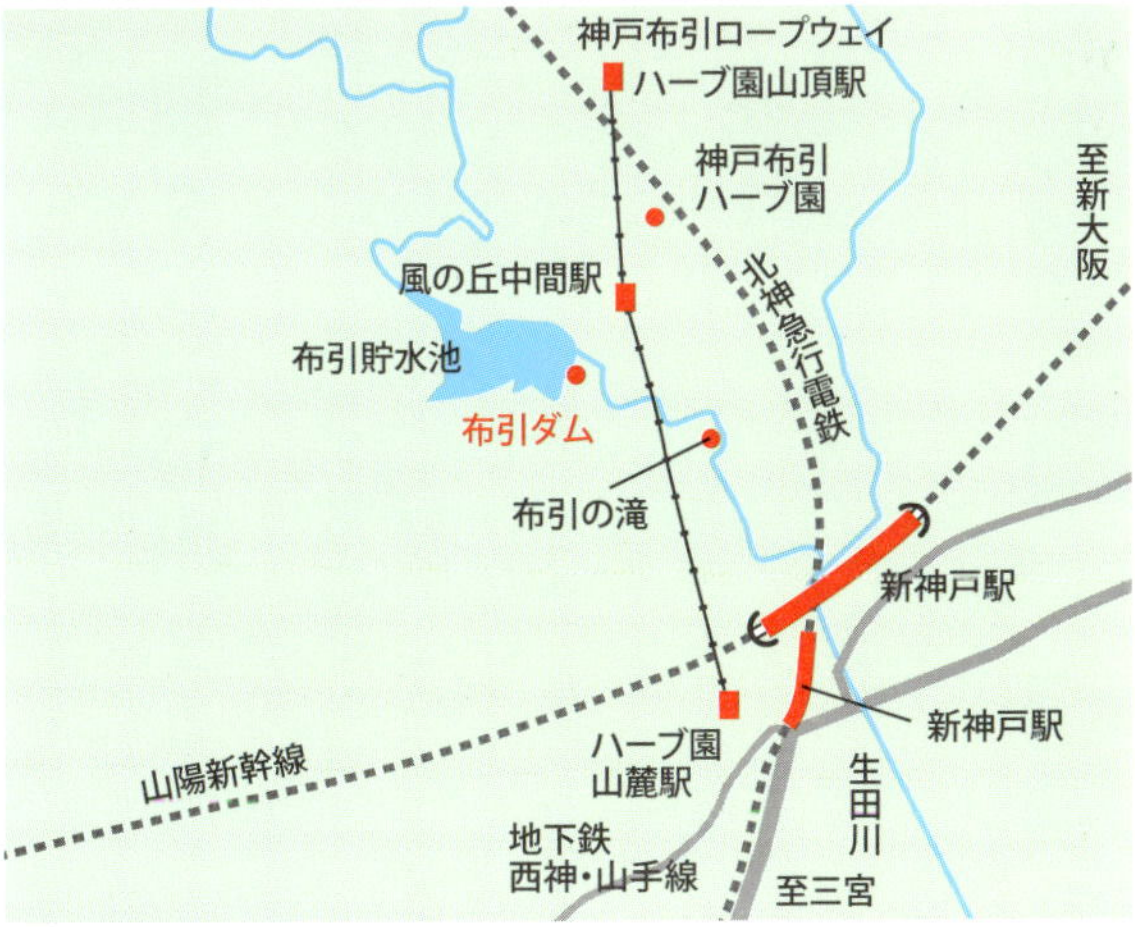

■ JR山陽新幹線、神戸市営地下鉄・北神急行電鉄「新神戸駅」から徒歩30分。

同設計者施設

豊稔池ダム

佐野藤次郎設計の日本最古の石積式マルチプル・アーチダム

豊稔池ダムは、日本にコンクリート築造技術が導入されてまだ日の浅い昭和初期に、きわめて珍しいマルチプル・アーチダムという画期的な形式、それも五連で建設された。このダムは、堰堤にかかる水圧を、堰堤中央部から突き出した扶壁《ふへき》で受けて、堤体を支える形式である。国内ではほかに、一九六一（昭和三六）年に完成した宮城県仙台市の二連の「大倉ダム」があるが、石積みでこの形式を採用したものはこの豊稔池しかない。

所在地　香川県観音寺市

同設計者施設

立ヶ畑ダム（烏原ダム）

アーチ状に湾曲させた優美な姿の水道用堰堤

一九〇五（明治三八）年に神戸市の水道水源として完成した日本で四番目に古い重力式コンクリートダム。アーチ状に湾曲しておりアーチダムのようにも見えるが構造的には重力式ダムである。粗石コンクリートを使い、堤高三三メートル、堤長一二三メートルで、貯水量は一二五万立方メートル。ここにあった九八戸四一四人の烏原村は、一九〇四（明治三七）年にダム建設のため水底に没した。それにちなみ、ダム湖は「烏原貯水池」と名付けられた。

所在地　兵庫県神戸市

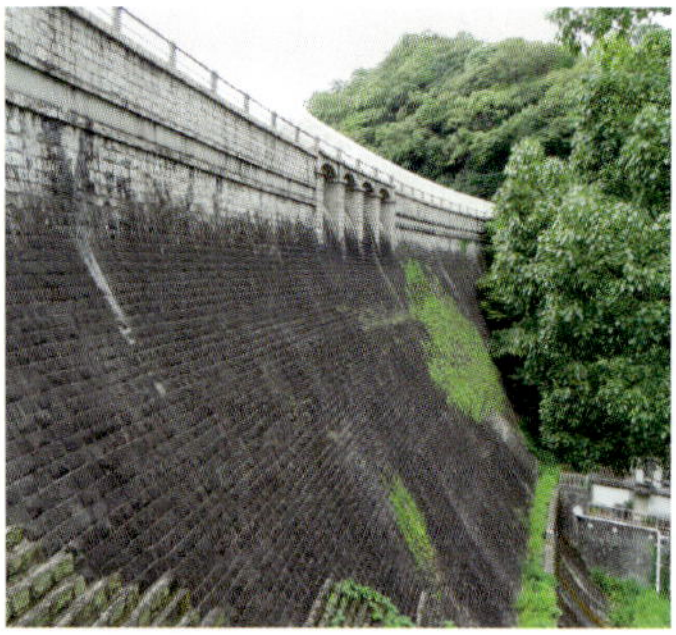

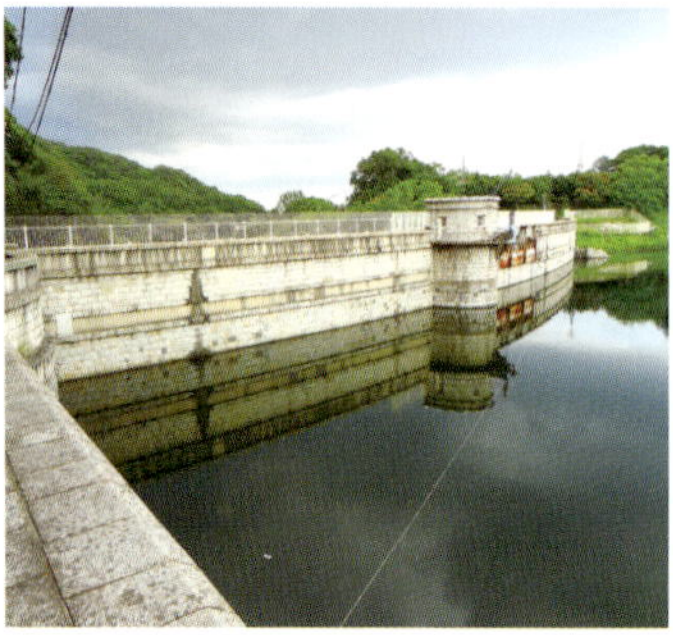

類似土木施設

河内貯水池

酷似する外観

官営八幡製鐵所の鋼材生産量増加に伴う工業用水増大に対処する計画には、非常用水源として大蔵川上流に河内貯水池を建設することが含まれていた。一九一九（大正八）年に着工し、一九二七（昭和二）年に完成した河内ダムは、堤高四四メートル、堤長一八九メートル、貯水量七〇〇万立方メートルの重力式コンクリートダム。建設時の型枠を兼ねた切石積みで表面を覆われたダムは、人頭大の玉石を含むコンクリート造りで、頂部の手摺は割石で丹念な細工が施されている。現在、桜の名所としても親しまれている。

所在地　福岡県北九州市

◆現地を訪れるなら◆

新神戸駅からロープウェイで約一〇分。約二〇〇種七万五千株のハーブや花が四季を通じて咲く布引ハーブ園に到着。途中、神戸市街地や布引の滝と布引ダムが一望できる。ハーブ園には展望広場があり、特に夜は神戸市街地とライトアップされたグラスハウスの夜景が素晴らしいデートスポットだ。帰路のロープウェイからも、忘れずに夜景を撮ることをお勧めする。

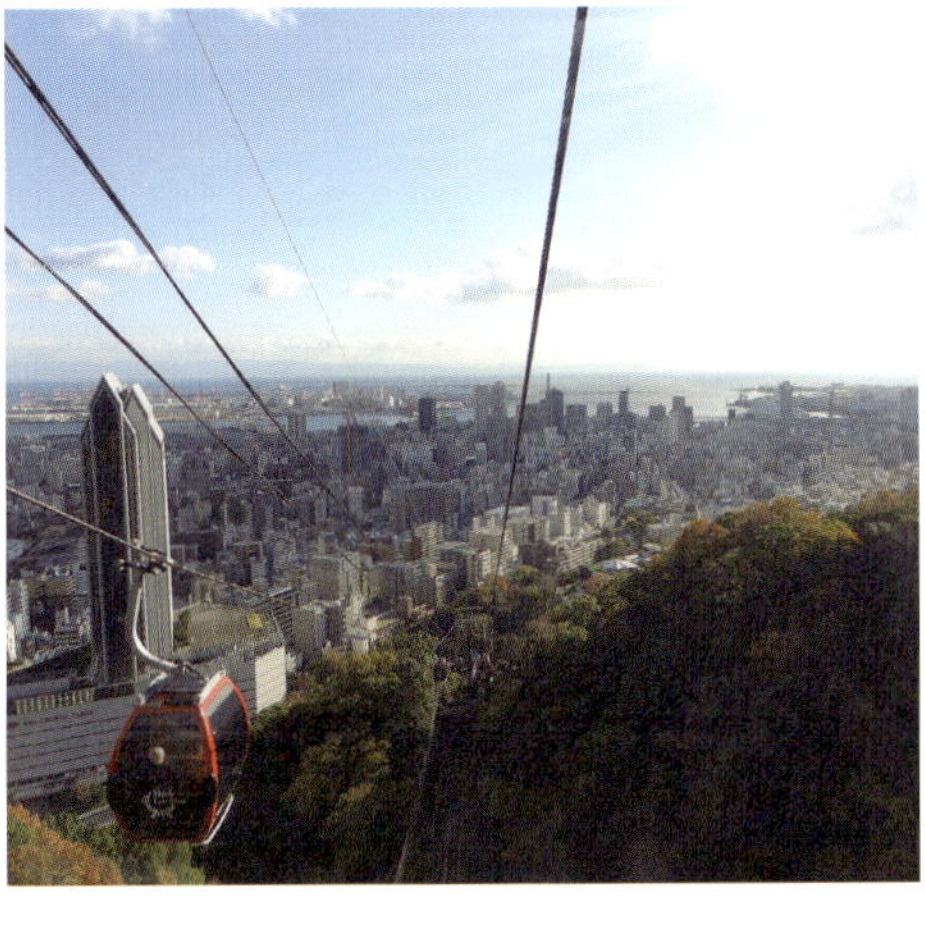

Engineering's Heritage

満濃池

【香川県まんのう町】日本最大の溜池

海？　湖？　いいえ、溜池です

香川県内の代表的な溜池は、大きな順に「満濃太郎」「神内次郎」「三谷三郎」といわれている。満濃太郎こと満濃池は、金毘羅さんで有名な香川県琴平町に隣接する仲多度《なかたど》郡まんのう町に位置する、日本最大の農業用溜池である。この大いなる溜池は、阿讃《あさん》山地を源流とする金倉川の狭窄部をアーチ型の土堰堤で堰き止めて築造され、一三〇〇年経た現在も変わらずに水を湛え、丸亀平野への水源となっている。

手を広げたような形の満濃池の貯水量は、一八七〇（明治三）年に五八四万六千立方メートルだったものが、三度の嵩上げ工事によって、土堰堤の堤長一五五メートル、堤高三二メートルになり、現在では東京ドーム一二杯分に相当する一五四〇万立方メートルを湛えるまでになった。溜池の大きさは、周囲一九・七キロメートル、最大水深三〇・一四メートル、満水面積一三八・五ヘクタールの規模を有するまでに増大した。

満濃池は、歴史的に干ばつと洪水を繰り返した丸亀平野において、命の源として人々の生活に稔りを与えてきた一方で、時には土堰堤の決壊により人命を奪ってきた。豊かな恵みと自然の猛威というかかわりの中で、多くの人々に支えられ、現在でも大きな存在感を漂わせている。

なぜ人々は大いなる溜池と共存してきたのだろうか。

溜池が一万四千も

四国の気候は、四国山地を境に南北でまったく違った特性を持っている。南の太平洋側では高温で雨が多い。反対に北の瀬戸内海側は温暖であるが雨が少ない。北側に位置する香川県は瀬戸内海気候に属し、年間降水量は一二〇〇ミリメートル程度と少ない。

瀬戸内海気候は年間降水量が少ない反面、梅雨と台風の多発時期に雨量が集中する。また、香川県の河川の大部分は、山間部から瀬戸内海に向かって流れる流路の短い急勾配河川のため、扇状地として広がる平野部に土砂の堆積が多く、周辺の田畑や家屋より川が高い天井川となっている。そのため、平常時の水は極端に少なく、渇水被害が頻

満濃池全景（提供：満濃池土地改良区）

発する反面、大雨となれば激流と化す二面性を持っている。

この特異な気候や地形の中で、人々は生きるために欠かすことのできない水を大切に利用しようと、特に灌漑《かんがい》用水の水源確保に力を注いだ。そして、満濃池をはじめとする溜池を数多く築造してきた。現在一万四千余りの溜池が存在しており、そのほとんどが農業用として、今も人々の生活を支えてきている。

土木技術者・空海

いくつもの時代を経てきた満濃池は、その時代ごとの土木技術の英知を結集させることで維持されてきた。

満濃池は、大宝年間（七〇〇～七〇四年）の国守の道守朝臣《みちもりのあそん》による築造に端を発している。そして、大宝年間の創築から一一〇年を数えた嵯峨天皇の時代、八一八（弘仁九）年に讃岐の国は大洪水に見舞われ、堤防が決壊している。

この時代は、各地で大規模な用水工事が行われていたようであり、古墳の築造によって確立した版築《はんちく》工法や敷葉《しきは》工法による築池技術が普及していた。版築工法は板で枠を造り、土をその中に盛り、一層ずつ杵でつき固める土壁や土壇の築造法で、敷葉工法は土を薄く盛って木の小枝を敷き詰め、人の足で踏み固めることを繰り返して土を盛る築造法である。

しかし、堤防の復旧工事は難航し、讃岐の国司は嘆願書を真言密教の祖である空海（弘法大師）に送った。空海は満濃池の本格的な土木工事を最初に行った人物といわれ、八二一（弘仁一二）年の修築を指揮した。空海は満濃池に近い讃岐国多度郡屏風ヶ浦《びょうぶがうら》の豪族佐伯氏の出身で、唐に渡って仏教の「五明《ごみょう》の学」を修めたとされ、そのうちの「工巧明《くぎょうみょう》」にある土木工学にも精通していた。

満濃池に注ぐ金倉川

空海は堤防の形を、まだ当時の日本では見られなかった「アーチ型」にして、水圧に耐えられる決壊しにくい構造にした。また、雨季に水かさが増えて決壊することを防ぐため、余分な水を溜池の外に出す「余水吐」と呼ばれる調整溝を造った。この時の土堰堤の高さは二二メートルであった。空海は土木事業でも画期的で効果的な偉業を成し遂げたのである。

巧みな技の伝承

源平争乱で世が騒然となっていた一一八四（元暦元）年の決壊を機に、それまで決壊と修築を繰り返してきた満濃池から人々が離れていってしまった。

満濃池はいつしかその機能を果たさなくなり、池の跡地には池内村と呼ばれる集落が形成され、池は四五〇年近くもの長い間姿を消した。満濃池が再び利用されるようになったのは江戸時代、三代将軍徳川家光の時である。

当時の四代目高松藩主生駒高俊は幼少で、外祖父の伊勢藩主藤堂高虎が後見役となっていた。一六二六（寛永三）年の大干ばつによる讃岐の惨状を耳にした高虎は、家臣の土木家である西嶋八兵衛を讃岐へ出向させた。讃岐に居を構えた八兵衛は、長らく放置されていた満濃池の修築に乗り出したのである。八兵衛は工事前、空海が逗留した那珂郡南部の豪族矢原家を訪ねて『家記』を読み、空海の工事概要とその緻密さを知り驚嘆したと伝えられている。

『讃州府誌』によると、一六二八（寛永五）年一〇月に始まった満濃池修築工事は、約二年半後の一六三一（寛永八）年二月に完成している。当時の大きさから推定される貯水量は約三〇〇万立方メートルで、現在の満濃池の約五分の一である。しかし画期的な修築工事は現在の満濃池の原形となっている。なお、矢原家の協力で工事が順調に進んだことから、以後、矢原家は満濃池の池守を務める家となっている。

八兵衛は一六三九（寛永一六）年までの讃岐にいる間、九〇余りの溜池の築造や修築に関わったと言われている。満濃池以外に関わった池には、龍満池（香川町）、小田池（高松市・香南町）、鎌田池（坂出市）、山大寺池（三木町）、瀬丸池（高瀬町）、三谷池（高松市）などがある。

この頃の満濃池の配水管は、土堰堤の内部に敷設されている箱型の管の底樋《そこひ》と土堰堤内側の斜面に敷設した竪樋《たてひ》とがあり、二つの樋管は溜池の底でつながっていた。水位が変動しても対応できるように、竪樋には数カ所の取水口があり、その上に櫓《やぐら》を組み、揺木《ゆるぎ》と呼ばれる栓を上から順に開いて計画的な配水を行った。この技術は一九五五

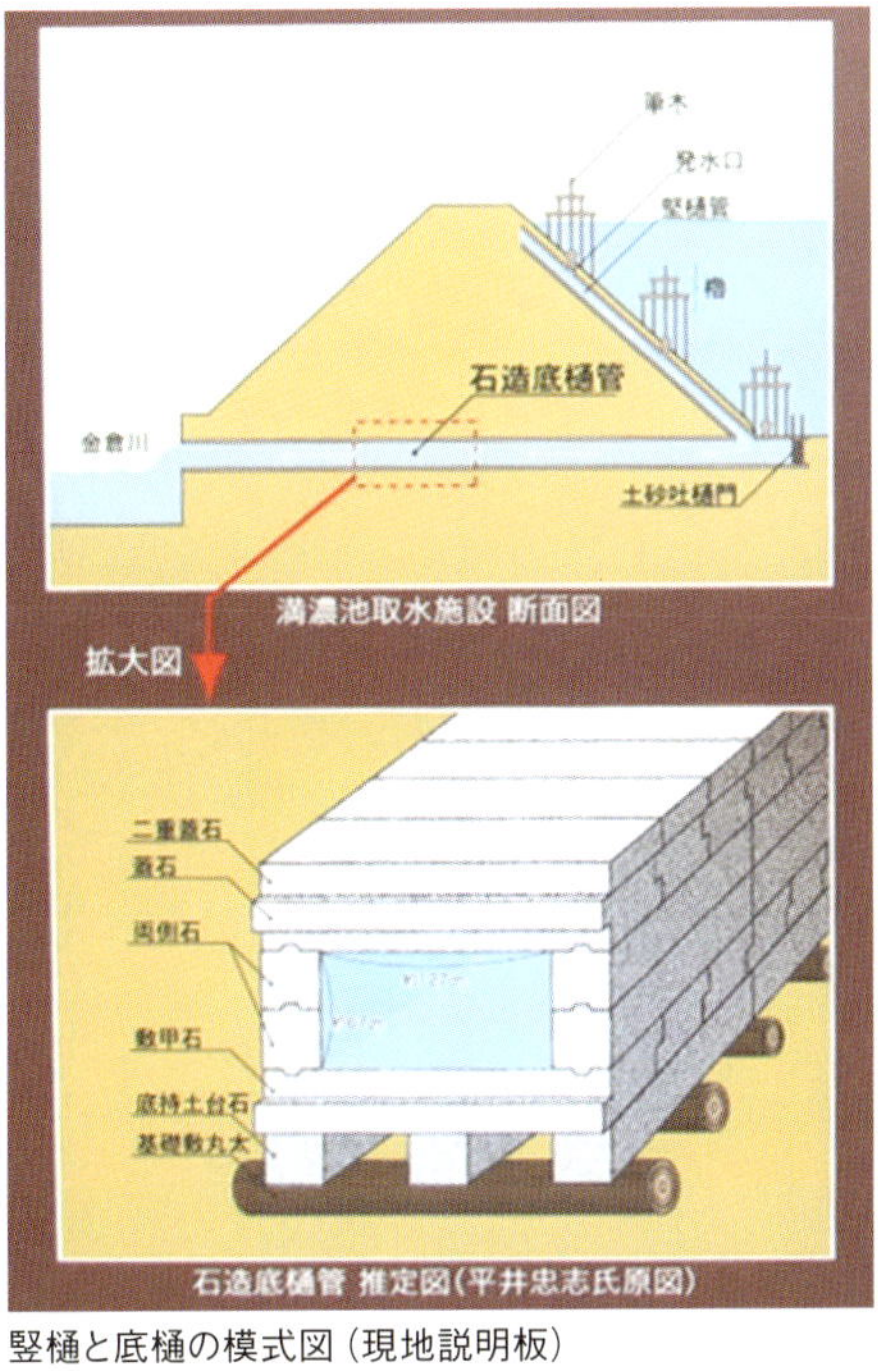

竪樋と底樋の模式図（現地説明板）

（昭和三〇）年に完成した新取水塔にも受け継がれている。

満濃池のように大きな溜池になると、池の上層と下層で水温の差が生じてしまう。農業用水として溜池の水を使用する場合には、池底の水温の低い水は稲穂の生育に適さない。竪樋と櫓によるこの取水技術は、稲作に適した水温の高い上層の水を常に利用するための巧みな技であった。そして、その取水口より流れ込んだ水を樋門まで流すために、底樋が使用されていた。しかし竪樋や底樋の材質は松を使ったため、耐水性がなく、長年の使用により腐食してしまう。決壊を避けるため、人々はその度、土堰堤を中央から切り崩し、底樋を交換するという大改修工事を行わなくてはならなかった。

記録によると一六三一（寛永八）年から約二三〇年の間、底樋の取替え六回、竪樋の取替え一二回を数え、農民には大きな負担であった。

取水塔

土堰堤

数学者の知恵も活かす

底樋、竪樋の交換による農民の負担を軽減するため、一八四九（嘉永二）年、池御領《いけごりょう》総代・長谷川喜平次が、今まで木材を使用していた底樋を石材に交換した。

石材は庵治《あじ》石という香川県産の花崗岩で、表面は荒削りで凹凸のあるものであった。フノリに浸したイラクサ科の植物繊維で編んだ苧《ちょ》すきと呼ばれる縄を目地代わりに使用して、部材との隙間を埋めたと考えられる。石材を使用した土木技術は、当時としては画期的なものであった。

一八五四（安政元）年一一月に、マグニチュード八・〇以上の安政東海地震と安政南海地震が連続で発生した。これにより、土堰堤内部の底樋の石積みがずれ、内部から漏水してしまう。満濃池は巨大な池だけに土堰堤が受ける水圧は大きく、底樋を覆う土堰堤部材が水圧に耐えられず決壊してしまったのではないかと思われる。

その後、高松の松崎渋右衛門、倉敷の参

事島田泰雄らの支援のもと、榎井《えない》村の長谷川佐太郎、金蔵《こんぞう》寺村の和泉虎太郎らの尽力により、土堰堤は復旧された。

　この時、堤防西隅の大岩に穴をあけトンネルを底樋とする工事を担当したのが、寒川郡富田中村の庄屋軒原庄蔵である。庄蔵は自村の弥勒池に石穴をくり貫き井手（井路）を造った実績があった。底樋の工事に際して庄蔵は、自村の数学者荻原栄次郎や田面村の多田信蔵らの知恵を借りた。そして、延長五〇メートル、内径一メートルの石穴を両坑口から掘り進み、中央で誤差なく合致させたのである。これに

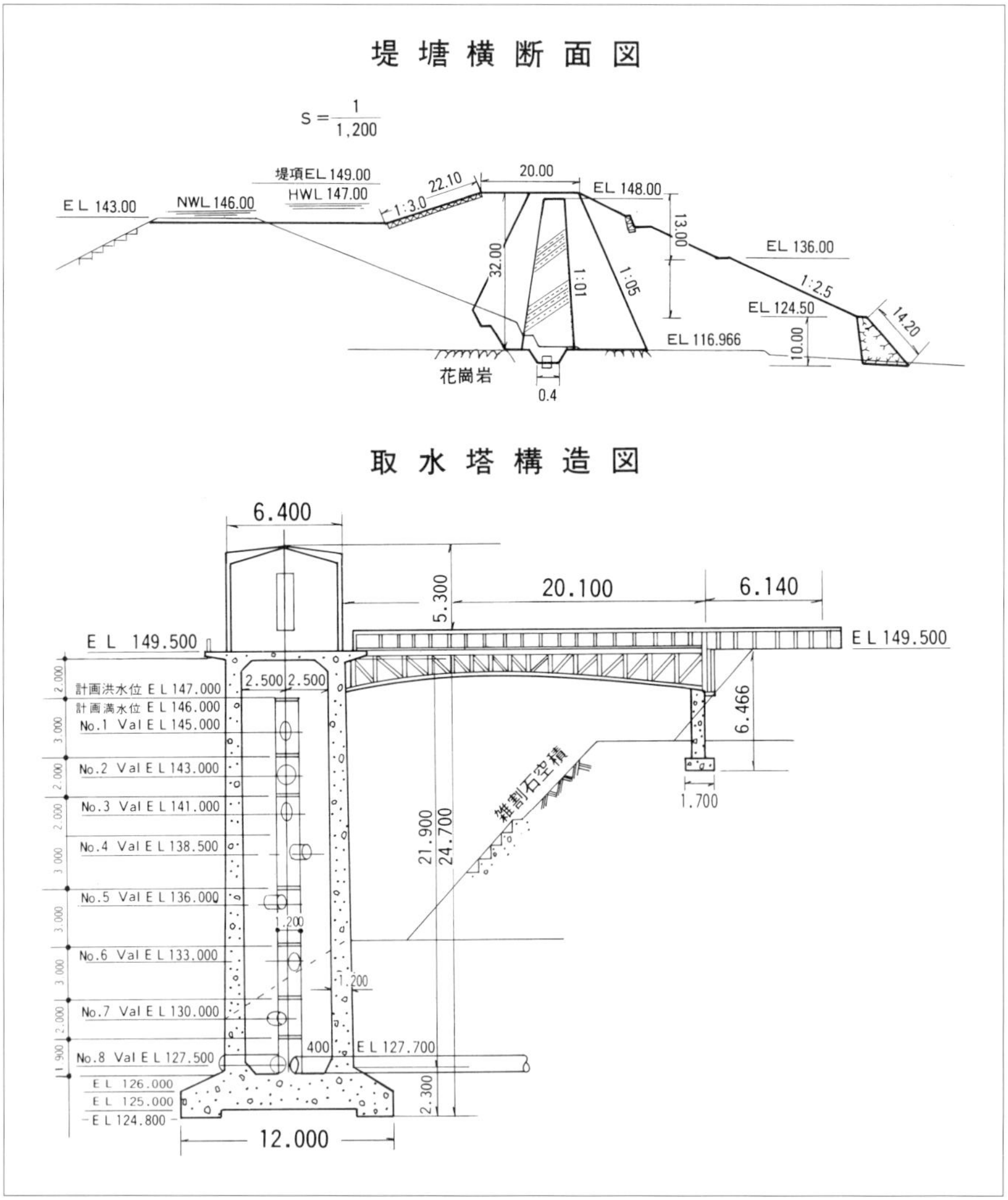

堤塘横断面図と取水塔構造図（提供：満濃池土地改良区）

讃岐の大地を潤す命の源「満濃池」

は、当初、工事を危惧していた藩役人たちも感嘆したという。この後庄蔵は高松藩開拓御用掛となり、廃藩置県後は香川県地券係として生涯公共工事に携わり、一八九〇(明治二三)年に六一歳で他界した。

以後土堰堤を崩しての大規模な土木工事の必要はなくなった。それからは決壊もなく、何度かの改修工事を行い現在に至っている。

余水吐口(内側)

「ゆる抜き」の日

毎年六月中旬には、取水管である樋管の栓を開けて、溜池の水を流し落とす「ゆる抜き」が行われている。ゆる抜きは、満濃池からの恵みを受ける広大な土地に、その年最初の水を流すもので、丸亀平野に田植えの始まりを告げる大切な神事である。その日には、大勢の人々が見物に来るそうである。

かつて使われていた「揺木（取水管の栓）」

満濃池樋門。「ゆる抜き」時にはここより豪快に水が放出される

用水路の取水堰

二〇〇〇（平成一二）年に一九七メートルの底樋管と、石造りの幅三・五メートル、高さ四・二メートルの樋門が登録有形文化財に登録された。この底樋管と樋門を通った満濃池の水は、平野に網の目のように張りめぐらされた用水路を流れ、地元まんのう町のみならず、丸亀市、善通寺市、多度津町、琴平町へと供給される。その受益面積は四六〇〇ヘクタールに及んでいる。

現地へのアクセス

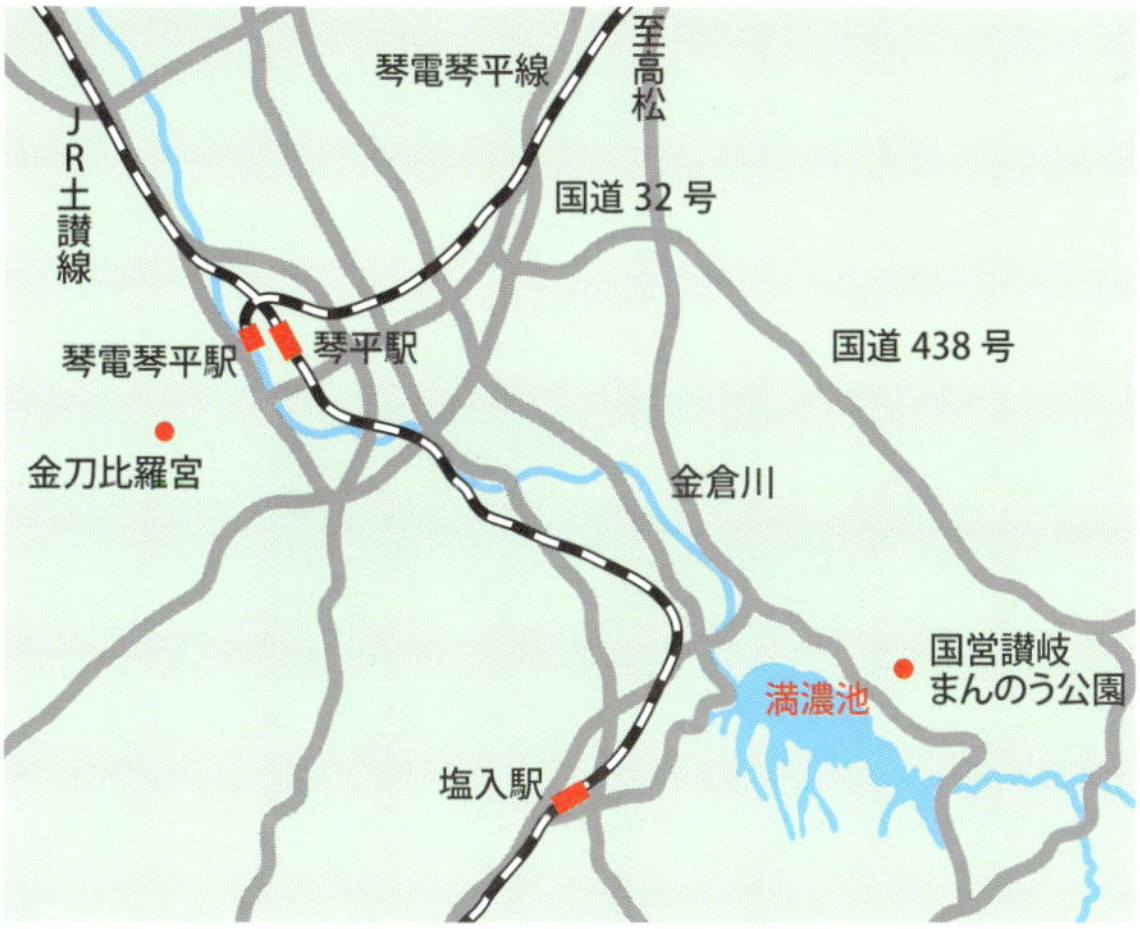

■ JR土讃線「琴平駅」、琴電「琴電琴平駅」から車で約15分。
■ 高松自動車道「善通寺IC」から車で約25分。

近隣土木施設

滝宮橋

戦前の香川県内で唯一の開腹アーチ橋

滝宮は金毘羅街道の宿場町として栄えていた。近くを流れる綾川は、洪水時には渡ることが困難であった。江戸時代に架けられた橋は幾度も洪水で流された。その後、金毘羅街道は物流が盛んになり、一九二〇（大正九）年に県道高松琴平線に認定され、道路の直線化や拡幅が図られ、一九三三（昭和八）年六月、現在の位置に滝宮橋が建設された。この橋は戦前の県内唯一の上路式鉄筋コンクリート開腹アーチ橋で、滝宮神社側（右岸）が三径間のアーチ、左岸側が二径間のコンクリートT桁である。アーチ橋長は六七・五メートル（支間長二一・五メートル）、T桁橋長は二四メートル（支間長一二メートル）で、総橋長は九一・五メートルである。意匠にも十分配慮され、スパンドレルが連続する縦長の小アーチ、アーチリブの断面変化、アーチリブ基部と柱頭部、T桁橋の門型橋脚などが美しく仕上がっている。高欄部の凸型模様の装飾や灯籠型の親柱もすばらしく、金毘羅街道の宿場町を十分意識したものである。しかし、交通量増加等により一九七〇（昭和四五）年、下流側に鋼鈑桁歩道橋が隣接して架設され、下流側の親柱は撤去された。

所在地　香川県綾川町

類似土木施設

狭山池

日本最古と伝えられるダム式の溜池

狭山池は平安時代には『枕草子』で「さやまの池」と記され、また江戸時代には狭山八景に数えられた。七世紀前半（飛鳥時代）に中国安徽省寿県にある芍陂《しゃくひ》と同じ敷葉工法を用いて築かれた。改修は奈良時代には僧・行基、鎌倉時代には東大寺を再建した僧・重源が、一七世紀初頭には豊臣秀頼の命で片桐且元により行われたことが記録されている。昭和・平成の改修により、堤高一八・五メートル、堤頂長九九七メートル、貯水量二八〇万立方メートルとなった。現在は、池周辺が親水公園として整備され人々に親しまれている。

所在地　大阪府大阪狭山市

◆現地を訪れるなら◆

うどん県と言われている香川県。満濃池の堤防の脇にある「かりん亭」でも、池を眺めながら讃岐手打ちうどんが食べられる。香川のうどん屋は住宅地の一角や森の中といった、商店街とはほど遠い場所にも多くある。たいがいは車での来店で、それでも大繁盛している。そして安い。また、製麺所がうどん屋になっているところも多くお勧め。と言った訳で「年越しうどん」にも納得。

Engineering's Heritage

【鳥取県智頭町】三滝ダム 日本最後のバットレスダム

現存六基の異形のダム

鳥取市内から千代川《せんだい》に沿って車で三〇キロメートルほど南下すると、智頭町の桜並木の美しい土手が見えてくる。そこから千代川の支流である北股川沿いに車を走らせ、紅葉の名所として知られている芦津渓を通り過ぎると小さなダム湖が姿を現す。この湖の水を受け止めているダムは、湖側からはごくありふれたダムにしか見えないが、ダム脇の遊歩道を歩いて下流側に回ると全く予期しない光景が目に飛び込んでくる。支壁と梁によって格子状に組まれ、ダムの内部が露わになっているその構造は、初めて目にする人には驚きを与えるであろう。この珍しい形状を持つダムこそ、日本で最後に建設されたバットレスダム「三滝ダム」である。

鳥取県八頭郡智頭町に位置する三滝ダムは、一九三七（昭和一二）年に完成した堤高二三・八メートル、堤頂長八二・五メートルの発電用ダムである。下流にある芦津発電所に毎秒一・六七立方メートルの水を供給し、そこでは二六〇〇キロワットの電力を発電している。

バットレスダムとは水圧を受ける鉄筋コンクリート版（遮水壁）をバットレス（扶壁）によって支える構造で、日本では扶壁式ダムとも呼ばれる。日本のバットレスダムは、一九二三（大正一二）年に函館市水道局が建設した笹流《ささながれ》ダムを皮切りに、最後のダムとなる三滝ダム完成までの一四年間で八基しか建設されず、現存するのは六基のみという希少な構造物である。その希少性から三滝ダムは二〇〇二（平成一四）年度の土木学会選奨土木遺産に認定されている。

大正から昭和初期にかけて、わずかな期間にごく少数しか建設されなかったバットレスダム。なぜこの三滝ダムを最後にバットレスダムは造られなくなったのであろうか。

周辺町村を巻き込んでの騒動

一八八六（明治一九）年に東京電燈株式会社が日本初の電力会社として開業すると、中小の電力会社が相次いで設立され、明治末期から昭和初期にかけて全国には数多くの電力会社が乱立した。鳥取県でも、明治から大正にかけて

複雑な構造の三滝ダムのバットレス

緑の中に佇む格子状の構造物「三滝ダム」

県内に一〇社以上の電力会社が存在していた。三滝ダムは、その電力会社の一つである山陽水力電気株式会社によって建設された。しかし建設までには紆余曲折があった。

電力需要を満たすため、この地に最初に水力発電所を計画したのは鳥取電燈株式会社であった。一九〇九（明治四二）年四月には、千代川水系北股川の一部の水利権を取得した。しかし別の発電所を先に起工したことから、周辺村会から「三滝の水力は不要である」と強い反発を受けた。その結果、鳥取電燈は計画を断念し、一九一二（明治四五）年に水利権を放棄した。

しかしその直後、以前からこの三滝に着目していた姫路水力電気株式会社の社長内藤利八は、神戸、明石、加古川地方の工場への電力供給を目的とした電力会社の設立を計画し、周辺村会の反対がありながらも一九一二（明治四五）年に鳥取県知事から水利権の認可を受けた。その後一九一七（大正六）年に発電所の工事認可の申請を行ったことが知れ渡ると、林業を主要産業としていた地元住民たちは、北股川を利用した木材の水上運搬「筏流し」に支障をきたすことやダムが決壊した場合の危険性、農地への灌漑用水が不足することなどを理由に強硬に反対し、周辺町村を巻き込

ダム湖から望む三滝ダム

んでの騒動となった。
そのような中、翌年には山陽水力電気が設立され、社長に利八が就任した。しかし地元住民の反対などでなかなか発電所建設に着手することはできなかった。地元町村との地道な交渉を経て同意が得られ、北股川に大呂発電所、河合発電所を完成させることができたのは一九二三（大正一二）年のことであった。

山陽水力電気は、その後親会社の変更などを経て、芦津発電所と三滝ダムの建設に着手したのは一九三五（昭和一〇）年一二月のことであった。三滝ダム完成直後の一九三八（昭和一三）年には日本電力株式会社へ吸収合併されることになり、山陽水力電気はその短い社史に幕を下ろすことになった。

扶壁を間近に望む

三滝ダムの水を利用した芦津発電所

竣工直後の三滝ダム。現在より扶壁が細い（提供：清水建設株式会社）

積雪に阻まれながら

三滝ダムの設計者に関する記録は残念ながら残っていない。しかしダムの構造から考えると、日本に残るバットレスダムのうち、最大貯水量を誇る群馬県片品村にある丸沼ダムなどの設計を手がけた物部長穂《もののべながほ》の耐震設計法にならって設計されていると考えるのが妥当であろう。

芦津発電所と三滝ダムの工事を指揮したのは、九州帝国大学を卒業したばかりの宮川正雄であった。三滝ダムの施工にあたり、正雄はまず資材運搬のために北股川沿いに敷設されていた大阪営林署管轄の沖ノ山森林鉄道を付け替えることから始めた。河岸にあった軌道を三滝ダムの天端に合わせて一五・五メートル嵩上げするために、ダムを中心に総延長一・一キロメートル区間を付け替えた。また芦津発電所建設のために五〇〇メートルの専用軌道も敷設した。なお、この森林鉄道に機関車が導入されたのは一九四二（昭和一七）年のことなので、ダムの建設資材は牛や馬に牽引されて運ばれたと思われる。

標高七〇〇メートルに位置するダム工事は一二月に着手されたが、間もなく積雪のため翌年四月まで中断せざるを得なくなった。翌冬も積雪により同期間中断していたため、着工から竣工までの二〇カ月間のうち八カ月近くは中断していたことになり、実質約一二カ月の期間で三滝ダムは施工されたことになる。雪に阻まれながらこのような短期間でダムを竣工させたのは正雄の手腕によるものであろう。

　こうして一九三七（昭和一二）年七月三一日、三滝ダムは竣工を迎えた。

造られなくなった　バットレスダム

　さて、バットレスダムとは一体どのような特徴を持ったダムなのであろうか。

　水圧を受ける遮水壁を扶壁によって支える形式のバットレスダムは、一九〇三年にノルウェー人技術者アンビエルンセンによって開発され、海外ではアンバーセンダムとも呼ばれている。一九二〇年代の終わりまで、アメリカでは二〇〇基以上も建設された大変人気のある形式のダムであった。

　バットレスダムは重力式コンクリートダムに比べてコンクリート使用量が少なくて済み、地盤が軟弱な場合でも堤体を軽くできるという特徴がある。当時コンクリートは高価であったため、経済的で、資材の運搬も容易であるという利点で注目されていた。

　日本では小野基樹《もとき》によって一九二三（大正一二）年に笹流ダムが建設された後、物部長穂によって耐震設計法が確立されると発電目的のバットレスダムが立て続けに建設されていった。

　しかしその後、人件費の高騰に

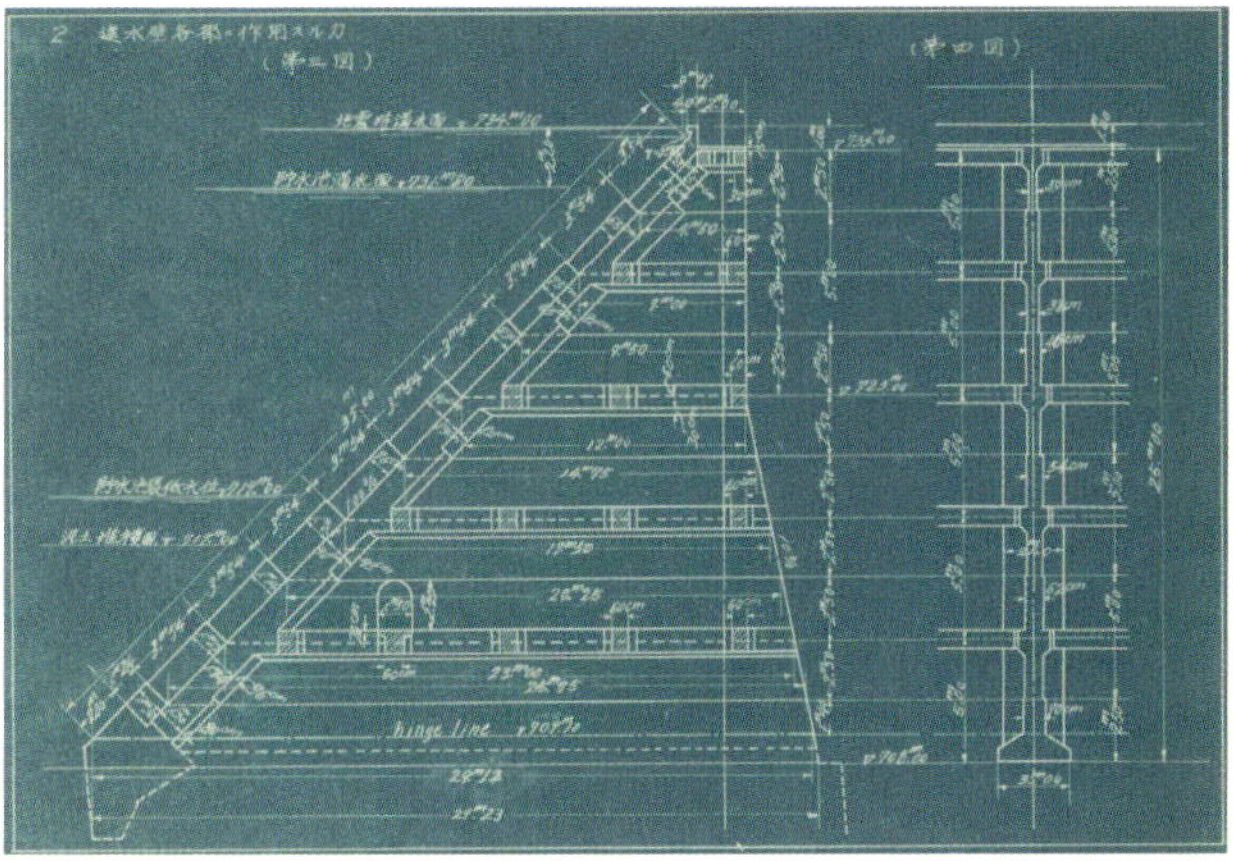

三滝ダムの設計図面（提供：中国電力株式会社流通事業本部倉吉電力所鳥取電力センター）

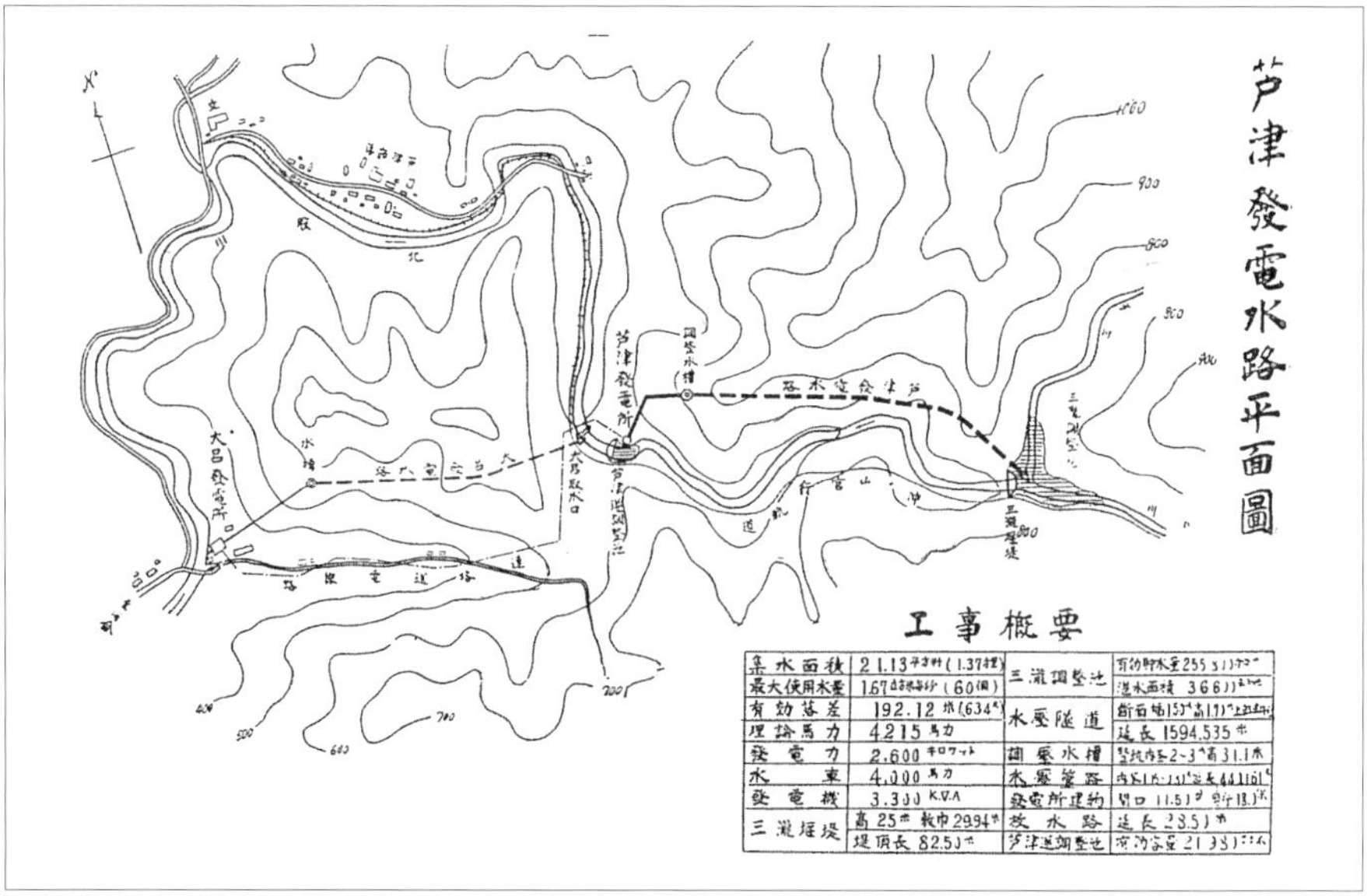

芦津発電水路平面図（出典：『日本電力蘆津發電所建設工事概要』）

より複雑な構造の扶壁を造るための型枠工に費用がかさむようになった。また地震の多い日本では大規模ダムへの適用は難しく、発電用ダムの大型化を視野に入れていた電力会社の思惑とも合致しなくなっていった。

三滝ダムと同じく発電用バットレスダムとして建設された長野県の小諸ダムは、一九二八（昭和三）年に決壊し、死者七名を出す事故を起こしている。決壊の原因は軟弱地盤によるものだとされている。

一九三六（昭和一一）年には第二回世界大ダム会議において、コンクリートの凍害事例が報告された。コンクリートの凍害とは亀裂に入った水が凍結・融解を繰り返すことで、亀裂の拡大や表層の剥離等を引き起こし、コンクリート強度の低下を招く。薄いコンクリート扶壁に負荷が掛かる構造のバットレスダムにおいては、場合によってはダム強度に致命的なダメージを与える可能性があった。そのためダム建設後の保守、点検、補修作業などの必要に迫られ、長期的にみるとメンテナンス費用などもかさみ、当初の試算以上に経費が掛かることとなった。

このように経済的、強度的な問題や大規模ダムへと移行してゆく時代背景があり、三滝ダム以降日本ではバットレスダムが建設されることはなくなった。

扶壁の内側に見えるブロック積みの保温壁

希少なダムを維持する地道な努力

三滝ダムは現在、中国電力株式会社によって管理・運用されており、定期的な点検や数度にわたる補修工事が実施されている。

ほのかに温かく感じる保温壁の内部

三滝ダムのある芦津地区は、冬場になると雪が深く寒さの厳しい場所である。そのため昭和四〇年代には遮水壁と扶壁の間にブロック積みの保温壁を設け、コンクリートの凍害劣化防止対策を講じている。また昭和五〇年代には扶壁と梁を補強する大規模な工事が行われている。

現存する六基のバットレスダムのうち、最初に施工された笹流ダム以外のダムは発電用のダムである。北陸電力株式会社は富山市に真立《まったて》ダム（一九二九年竣工）と真川ダム（一九三〇年竣工）を、東京電力株式会社は群馬県片品村に丸沼ダム（一九三一年竣工）を、中国電力株式会社は三滝ダムの他に岡山県鏡野町に恩原ダム（一九二八年竣工）を所有し、それぞれ独自に維持管理を行っていた。しかし二〇〇六（平成一八）年、保守管理の合理化の面から共通

建設当時の姿を今に残す扶壁の脚部

な維持管理方法として、財団法人電力中央研究所と各電力会社により、「バットレスダムの維持管理標準」が策定された。これには性能の定義から点検、計測、詳細調査、対策の方法についての指針が示されている。三滝ダムでもこの維持管理標準に基づいて調査・解析が実施され、その検討結果に基づいてひび割れの補修工事を実施している。

三滝ダムは建設から七〇年以上現役で働き続けている。このように長い間事故なく使われ続けてきたのは、管理してきた人々がたゆまぬ努力を続けてきたからに他ならない。技術者の地道な努力によってこれからもこの希少なダムはその姿を残し続け、今後も使われ続けていくことであろう。

扶壁にできた「ひび割れ」の補修跡

現地へのアクセス

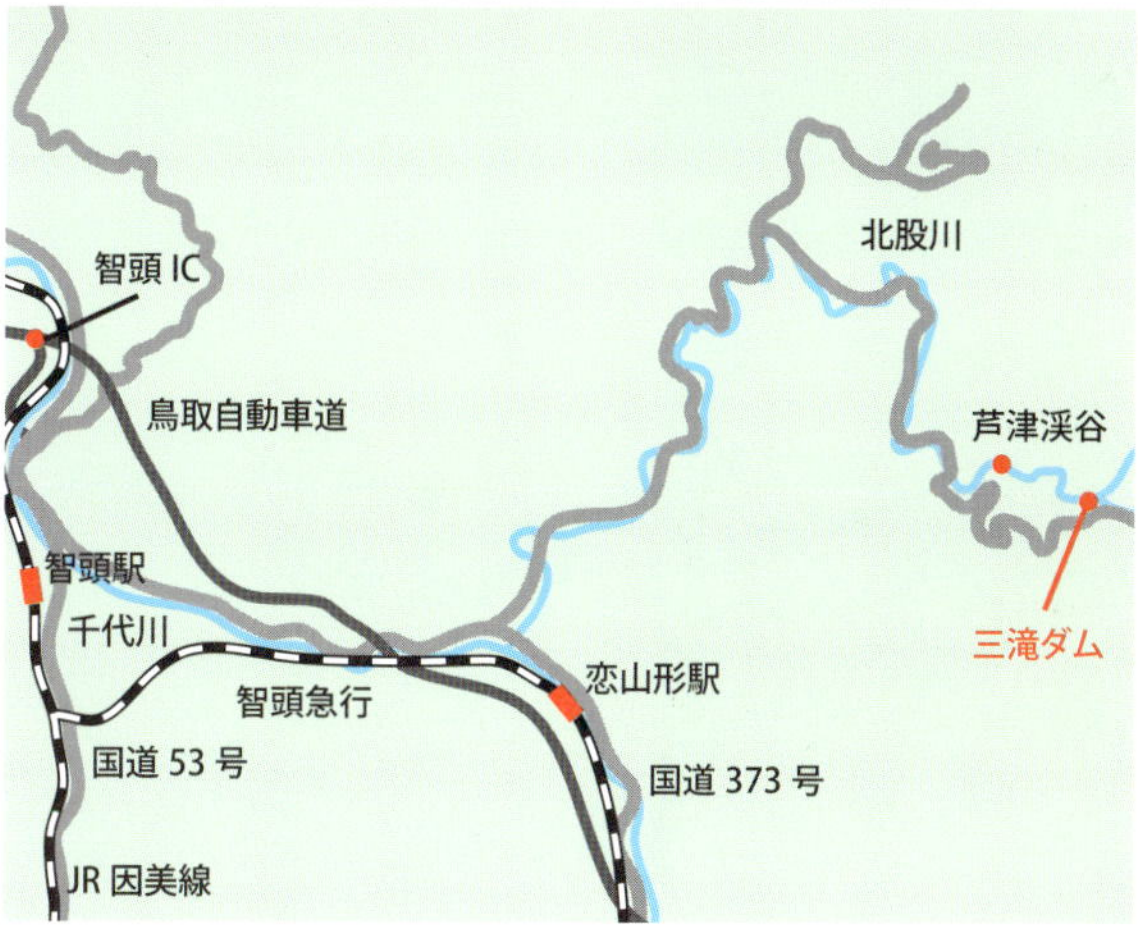

■ JR因美線「智頭駅」から車で約60分。
■ 鳥取自動車道「智頭IC」から車で約60分。

近隣土木施設

若《わ》桜《かさ》橋

三連の鉄筋コンクリートアーチ橋

若桜橋は若桜町の八東川に架かる橋長八三メートル、幅員五・五メートルの三連の鉄筋コンクリート造り無ヒンジアーチ橋である。当時、「白亜のモダン橋」「モダンなアーチ型の白橋」と称され、町の新たな名所になった。現在でも地元住民の重要な生活道として大きな役割を果たしている。施工は八頭郡賀茂村の井口吉蔵が請負い、一九三三（昭和八）年九月二〇日に着工し翌年完成した。竣工式は同年七月三一日に行われ、県知事をはじめ県の各関係者、地元町長、地元小学校生徒等が参列した。構造は、ほぼ同時期に建設が進められ、先に完成していた伯耆町長山の登山橋と同型で、この橋を参考にしたと思われる。当時、三連規模のアーチ橋は非常に珍しかった。現在も一般県道若桜停車場線として利用されており、両高欄の外側に融雪水用のアルミパイプが添架され、上流側に歩道橋が架けられた。建設当時の設計図などと現在の橋を比べると、構造体は完成当時と全く変わっておらず、当時の技術を知るうえで貴重な資料となっている。この橋の架設に伴い、町内を通り抜ける従来の曲線道路を直線に変更し、町役場も現在の位置に移転した。

所在地　鳥取県若桜町

類似土木施設

笹流ダム

日本初のバットレスダム

笹流ダムは一九二三（大正一二）年にできた日本初のバットレスダムである。堤体が格子状のコンクリートの梁と柱で構成され中空になっているのは、当時高価だったコンクリートを節約するためであった。古くから「赤川の水源地」と親しまれ、現在も函館市民の水瓶として活躍。土木学会推奨土木遺産に認定されている。ダムの前庭広場は芝生に覆われた公園として整備され、函館市民の憩いの場になっており、春は桜、秋は紅葉のスポットとしても人気である。

所在地　北海道函館市

◆現地を訪れるなら◆

三滝ダムの位置する智頭町の中心部は、畿内と因幡を結ぶ道にあり、因幡街道と備前街道が合流し宿場として栄えた。この街道に面して建つ木造、下見板張、総二階の切妻造、桟瓦葺洋館は、正面の屋根中央部を切妻破風に切り上げ、切妻造の火の見櫓を載せる。正面中央壁沿いの梯子段が切妻破風を貫通して櫓に至る特徴ある姿形は地区のランドマークとして親しまれている。

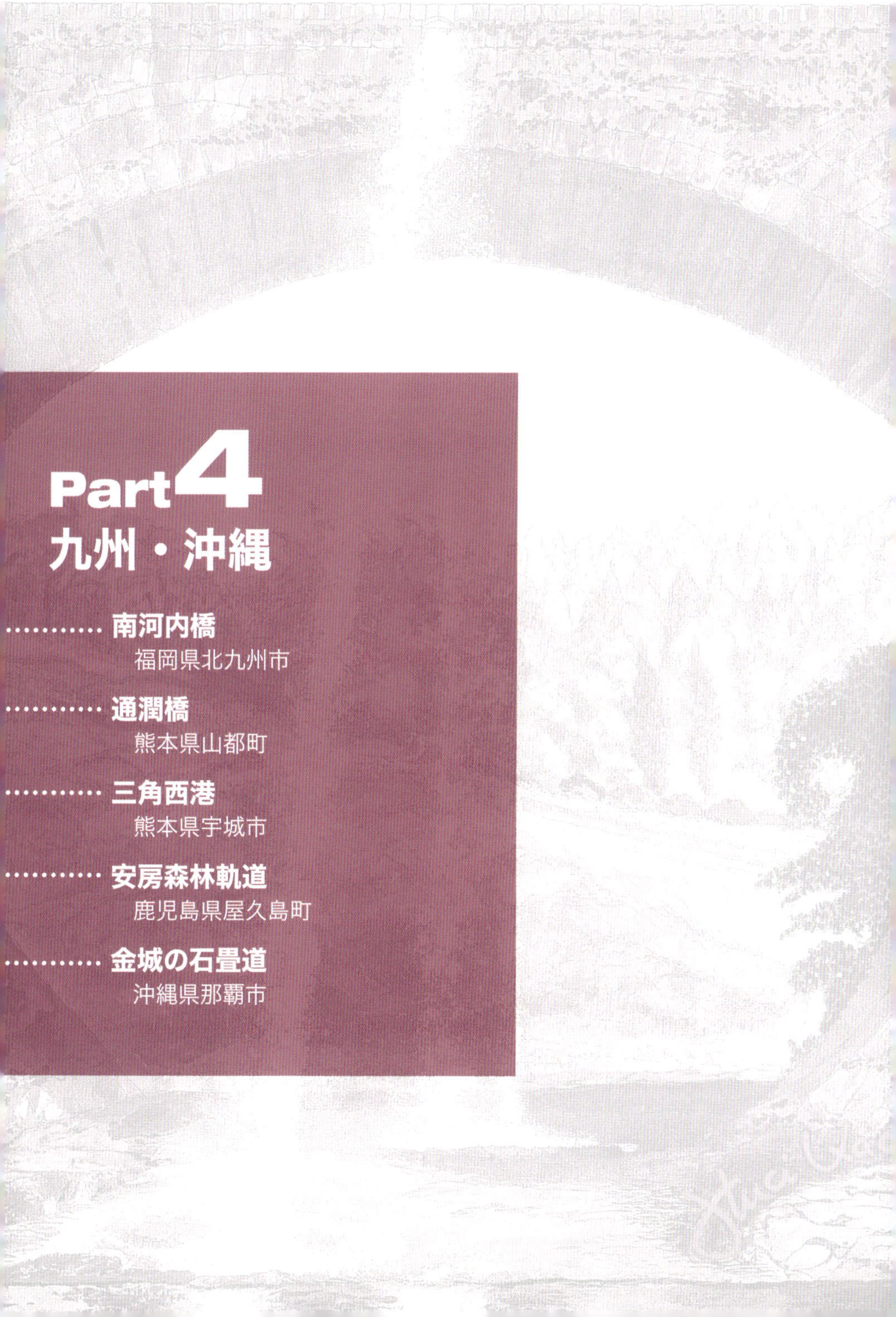

Part4
九州・沖縄

…………南河内橋
福岡県北九州市

…………通潤橋
熊本県山都町

…………三角西港
熊本県宇城市

…………安房森林軌道
鹿児島県屋久島町

…………金城の石畳道
沖縄県那覇市

Engineering's Heritage

【福岡県北九州市】南河内橋
橋梁史に忽然と現れ消えた最後のレンズ形トラス橋

官営八幡製鐵所

欧米先進国に追いつくために近代化を進める明治政府は、富国強兵という政策のもと殖産興業を推進した。欧米の先進技術や学問、制度を輸入するためお雇い外国人を多数招聘し、留学生を派遣するなど産業技術の移植に努めた。また、政府は幕府や諸藩が経営していた造船所や鉱山などの事業を引き継ぐとともに、新たに官営工場を開設するなどして日本の近代化、資本主義化を図った。

こうして国内において製糸・綿紡績などを中心とする軽工業が確立することとなり、日清戦争（一八九四〜一八九五年）、日露戦争（一九〇四〜一九〇五年）を経て、製鉄・造船などを中心とする重工業が発展していくのである。

こうした時代背景の中、一八九六（明治二九）年に官営製鉄所の設置が国会で承認されたことを受けて、翌年に寒村であった福岡県八幡村に立地することになる。そして、この農商務省が所管する製鉄所は二〇世紀に入ると同時に操業を開始し、近代的な銑鋼一貫製鉄所として日本鉄鋼業の発展過程において中心的役割を果たしていくのである。この製鉄所が八幡製鐵所であり、一九三四（昭和九）年に株式会社化され、現在に至っている。

鉄の町・八幡のシンボル

南河内橋はJR小倉駅の南西約一〇キロメートル、北九州市八幡東区内を流れる大蔵川上流に位置し、一九一九〜一九二七（大正八〜昭和二）年にかけて行われた八幡製鐵所の河内貯水池建設に伴って架橋された橋長一三二・九七メートル、幅員三・六メートル、二径間の鋼製レンズ形トラス橋である。橋台と橋脚はコンクリートで、岩盤上に直接造られた。

赤く塗装されたその優雅な曲線美は、どこかユーモラスでノスタルジックである。周囲の山々の緑と湖面の青に映え凛とたたずむその姿は、地元ではめがね橋という通称で知られ、鉄の町・八幡のシンボルとして訪れる市民に親しまれている。

三〇年の時を経て蘇ったレンティキュラートラス

南河内橋の構造形式は、側面から見ると凸レンズの形状をしているトラスであることから、レン

この形状から建設当初は魚形橋と呼ばれていた

湖面に赤が映える南河内橋（提供：北九州市）

ティキュラー（レンズ状の）トラスと呼ばれる。この構造の歴史は古く、一八二五年にスティーブンソン親子により、イギリスのストックトン・ダーリントン鉄道に架けられたガウンレス橋が最初であるとされている。その形から魚（腹）形トラスとも、特許を取得したドイツの鉄道技師パウリの名からパウリトラスとも呼ばれる。はじめは一九世紀前半のイギリスやドイツで鉄道橋として用いられた。その後アメリカに技術が伝えられると道路橋として数多く架橋され、一八七〇年代からわずか二〇年ほどの間に、アメリカ全土で三〇〇橋以上が架けられた。そのうち五〇橋ほどが現存している。このように一時はもてはやされた構造形式であったが、その後衰退してしまう。

緩やかな弧を描く部材

他の形式のトラス橋であれば、上下いずれかの鋼材が水平であることから床組の組み付けは簡単である。ところが、レンティキュラートラス橋は上下対称のユニークな意匠を誇る反面、メインとなる鋼材が上下ともに弧を描くことから、独立した床組を組む必要性が生じる。この点が他の形式のトラス橋と比較してコスト面で不利となる。そのユニークな意匠ゆえに衰退する宿命を内包していたのだ。こうして現在では、橋梁工学の教科書にも載っていないほど珍しい構造形式となってしまったのである。

時代遅れの構造として建設が途絶えたレンティキュラートラス橋であったが、その後、約三〇年の時を経て、忽然と日本に出現することになる。一九二〇年代に建設された、土木技師佐藤三四郎の設計による群馬県前橋市の「大渡橋」や同県桐生市の「桐生橋」である。しかし台風水害による流失および川の暗渠化に伴い既に撤去されており、この南河内橋のみが現存する。

なぜ南河内橋には、建設当時には既に時代遅れとなっていたレンティキュラートラスという構造形式が採用されたのだろうか。

河内貯水池

南河内橋の架かる河内貯水池は、第一次世界大戦による鉄鋼需要の激増に対処するため、八幡製鐵所第三次拡張工事の一環として八幡製鐵所の工業用水を確保することを目的に、製鐵所直営で設計や施工が行われた。

河内貯水池の貯水能力は七〇〇万立方メートルであり、着工時には東洋一の規模であった。しかし、竣工時にはアメリカの技術指導を受けて水力発電用に建設された岐阜県の大井ダムにその座を譲ることとなった。堰堤は高さ四三・一メートル、幅一八九メートルの前後面石積みの重力式含石コンクリートダムである。

表石はダムサイト近隣から調達し、これを加工して堰堤の前後面に規則正しく積んだもので、コンクリート型枠の役割も担っていた。さらに表石の内側は、長

1935 年に流失した 3 径間の大渡橋（提供：土木学会附属土木図書館）

川の暗渠化にともない撤去された桐生橋（提供：土木学会附属土木図書館）

建設当初は眼鏡橋と呼ばれていた中河内橋

着工時にはアジア最大の規模であった河内堰堤

短交互に並べて凹凸の状態にして、堰体コンクリートとの接着を強固なものとしている。表石に使われた切り石は一二万個といわれ、この加工には四国方面から来た大勢の石工が従事した。このように石材を多用したのは意匠のみを意識したためではなく、耐久性のある石材や人力が豊富であったことを背景に、当時はまだ高価であったセメントの量を減らし建設コストを抑える目的があったようである。

一方で、一九一四（大正三）年に所内生産を開始した高炉セメント（一般的なセメントに製鉄の過程で発生する鉱滓《こうさい》〈スラグ〉を混合したもの）を利用した。河内貯水池関係の図面には至る所に「S.C.C」あるいは「Slag Cement Concrete」の文字が記載されているとのことで、建設に際して多用していることがうかがわれる。

また、創業以来、埋立地に投棄していた高炉スラグ砕石（鉱滓バラス）を道路材として初めて活用した。このように当時から産業発生物の有効活用を行っていたことに驚かされる。

ダムの本体工事の際には、大量のコンクリート打設によって起こる亀裂対策として、伸縮継手が堰堤垂直方向に水平距離二二・五メートルの間隔で六カ所設けられ、堰堤は七ブロックに分割されている。継手面にはコンクリートブロックが積まれ、その一部に凹部を設け、漏水防止用の銅板が埋め込まれている。同時に他の空隙部には絶縁用塗料が充填されており、九〇年近く経た現在も、この継手からの漏水は認められないほど強固な構造である。工事は主に人力で進められ、四三〇万円（現在の金額で約一二〇億円）の巨費と延べ九〇万人に及ぶ膨大な労力と八年の月日を費やした。なお、このような大規模な土木事業であったにもかかわらず、殉職者を出すことはなかった。

個性が織りなす一大土木構造物群

当時、八幡製鐵所の土木技師であった沼田尚徳《ひさのり》、足立元二郎、松尾愛亮《よしすけ》の三名は、南河内橋を含む河内貯水池の建設全般に関わった。なかでも中心的な役割を果たしたのが尚徳である。そして、ダムをはじめとする河内貯水池の付帯施設として、南河内橋を含む様々な構造・意匠の道路橋や水路橋、さらには石材で覆った管理事務所や弁室等の建屋を設計・建設指導した。

石材の使用も切石積み、野面《のづら》積み、割石張り、自然石張りなどの様々な技法を駆使して、個性と全体の統一感が共存した一大土木構造物群ともいえる様相を呈している。南河内橋は、この貯水池を構成する構造物群の一つに数えられ、そのことを誇るかのように橋脚と橋台はダムと同様に切石積みコンクリートとなっている。なお、橋の実際の設計は技手西島三郎が行ったといわれている。

南河内橋の竣工・開通年については、橋門の上の橋名板に「大正十五年十一月」（一九二六年一一月）とあるが、一般には翌年三月の竣工・開通とされている。一般に河川や湖沼上に架橋される橋と異なり、南河内橋の場合は貯水池に貯水する以前に建設された。

中世ヨーロッパの城砦を思わせる管理事務所

管理事務所に掲げられている「遠想」の額石

したがって、一九二七年三月の貯水池の完成・貯水に先立って前年の一一月に完成していたのであろう。このような理由により竣工・開通年の齟齬があると考えられる。

シビルエンジニアの矜持

堰堤の一部である取水塔、堰堤下部の三つの弁室、堰堤の西側高台に位置する管理事務所の壁面は石材で覆われ、あたかもヨーロッパの古城のような景観を醸している。また、それぞれに額石が掲げられており、取水塔には「風雨龍吟」、弁室には「萬古流芳」、管理事務所には「遠想」と揮毫《きごう》されている。これに加えて堰堤東端部の掘削跡の法面には「乾坤日夜浮」という額石とともに、建設に際して尽力した先の三名のエンジニアの名前が英文字で彫り込まれたネームプレートが掲げられている。

このネームプレートに彫り込まれた尚徳の氏名の下には「M.AM.SOC.C.E.」と英語の肩書きが付されている。これは「Member of American Society of Civil Engineers」の略で、尚徳がアメリカの土木学会の会員であったことを示すものである。このような装飾を施すこともすべて尚徳が発案したということである。尚徳はシビルエンジニアとしての誇りと責任とともに、効率を追求するだけの土木が失ったある種の哲学を持っていた。また、当時最先端の技術を有する土木技術者であっただけではなく、漢詩を詠むなど和魂洋才の才人であったようだ。

尚徳は河内貯水池の着工に先んじて、一九一五（大正四）年から翌年にかけての約九カ月間、英米に視察出張をしている。この外遊の際、アメリカの鉄都ピッツバーグにおいて、一八八三年に架橋されたレンティキュラートラス構造のスミスフィールド・ストリート橋を見たといわれている。製鉄業に携わる者にとって新興著しい当時のピッツバーグは憧れの地であったことから、この地のシンボルでありランドマークとなっている鋼橋を取り入れたことは十分考えられるのである。製鐵所に奉職する土木技術者として、八幡製鐵所で生産した鋼材を使い、自分たちが設計と施工を行って、当時の日本の技術水準を示しながら、鉄の町・八幡のシンボルとなる意匠の橋を架けるということはむしろ当然の帰結だったに違いない。たとえ既に時代遅れの構造であっても、鉄の町のシンボルとしてこれほど相応しい橋はないと判断したと考えられる。

レトロな印象を与える装飾

この橋には意匠以外にもう一つ興味深い特徴がある。トラスがすべてピン結合されていることである。この方法は、アイバーと呼ばれる丸孔を両端に有する部材をピンで結合するため、ピンと部材の摩耗によって丸孔の形状が変わり、振動が大きくなるなどの問題が生じることから、次第にリベット結合や溶接に置き換えられていった技術である。当時の日本においても鋼橋の部材を結合する技術は、既にリベット結合に移行しており、ピン結合というトラス本来の古典的な技術を用いた南河内橋は、その構造形式と相まって建設された時から土木文化財といえる構造物であった。

トラス部材のピン結合部

当初は自動車も通行する橋として利用
（提供：土木学会附属土木図書館）

後日、尚徳は会計検査院から「南河内橋は無駄遣いではないか」と指摘を受けた。工事に八年もの月日がかかったこともあり、その間に材料費や労務費が高騰し工事費が膨らんだことに加え、造形や意匠に凝った構造物群を見た会計検査員に悪い印象を持たれたことは想像に難くない。この時、建設費用は迂回路の方が高くなるという書類を部下に指示して作らせたという逸話が残っている。

「遠想」に込められた想い

二〇〇〇（平成一二）年に南河内橋は、当時の設計図一〇枚とともに北九州市へ無償譲渡された。かつては自動車も通行していたが、幅員が狭いことや橋の保全のために、現在は貯水池を周遊するサイクリングロードの一部として利用されている。

管理事務所に揚げられている「遠想」の額は、ダム建設に際して快く土地を譲ってくれた集落の人々に対する感謝の気持ちを表したものであるとも、八年にわ

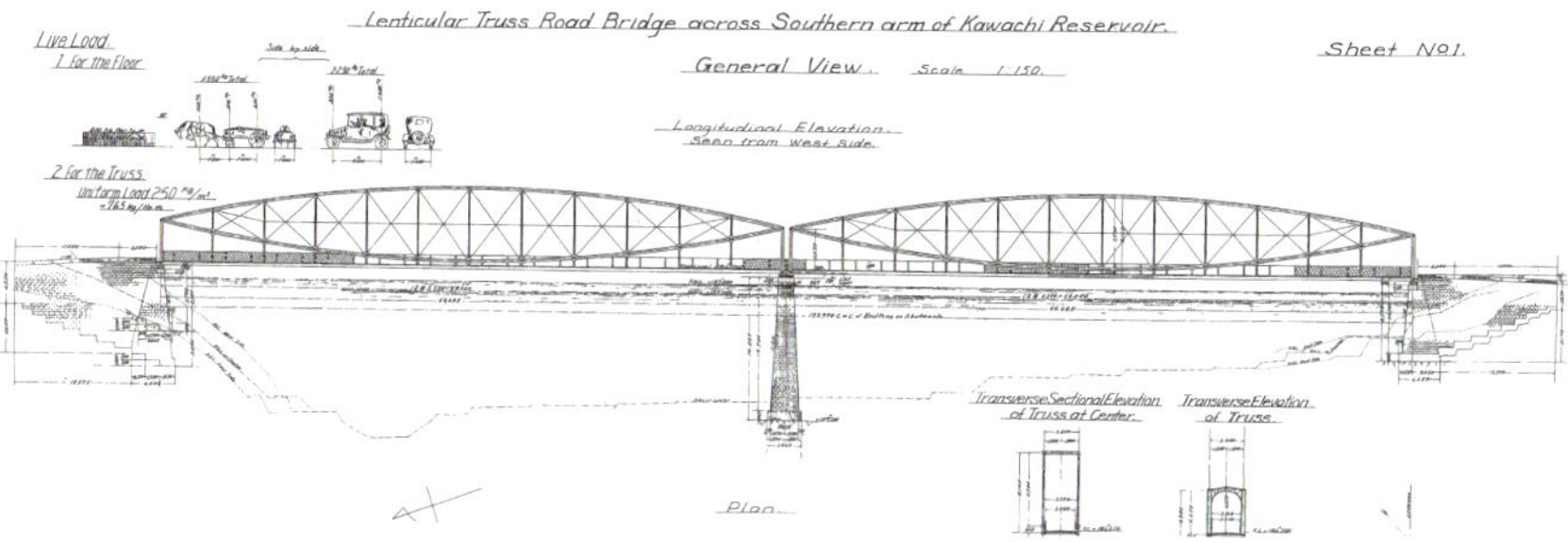

荷重条件である荷馬車と自動車が描かれている一般図（提供：北九州市）

たる大工事に心血を注ぐ中で四人の子女と妻を病気で亡くした、その悲しみを表したものともいう。

しかし、尚徳が設計指導した構造物を見ると、「遠くを想う」という「遠く」とは時間的なもの、すなわち「未来」を意味しているのではないかという考えに行き着く。シビルエンジニアは持てる技術を駆使し、土木施設としての機能を有することは当然として、何十年、何百年後の未来においても市民に親しまれ、ランドマークになるような土木施設を造ることに心を砕くべきであるというメッセージである。

南河内橋は、建設から約八〇年を経た二〇〇六（平成一八）年一二月に特異な構造形式をもつ鋼橋として重要文化財に指定された。市民に愛される橋となっている南河内橋は、シビルエンジニアである沼田尚徳のこうしたメッセージを具現化したものに他ならない。

現地へのアクセス

■ JR鹿児島本線「八幡駅」からバス「上重田行き」乗車21分「上重田」下車。徒歩40分。
■ 北九州都市高速道路「大谷出入口」から車で約15分。

同設計者施設

宮田山トンネル

八幡製鐵所専用鉄道トンネル

八幡製鐵所の八幡地区と戸畑地区を結ぶ全長約六キロメートルの専用鉄道くろがね線にある、標高約一〇〇メートルの宮田山を東西に貫く長さ一一八〇メートルの宮田山トンネル。主に人力による昼夜兼行工事でほぼ一年かかり一九三〇（昭和五）年に完成した。トンネルは沼田尚徳ら八幡製鐵所土木部が設計し、意匠性を重んじ両坑口には手の込んだデザインが施されている。八幡側坑口は両側に付柱、上部にペディメントを配したルネサンス様式で、戸畑側坑口は城郭をイメージしたデザインである。

所在地　福岡県北九州市

【八幡側】

【戸畑側】

近隣土木施設

若戸大橋

北九州の象徴となる日本最初の本格的吊橋

吊橋部が六二七メートル、中央支間三六七メートル、海面から桁下まで四〇メートル、日本初の長大吊橋となる若戸大橋。一九三〇（昭和五）年に起きた若戸渡船転覆事故をきっかけとして、連絡トンネル整備を行う計画が進んでいたが、日中戦争や太平洋戦争で中止となった。戦後、地元関係者の努力により、橋が一九五八（昭和三三）年に着工し、一九六二（昭和三七）年九月に完成した。旧若松市と旧戸畑市がつながり、数カ月後には北九州市が誕生した。若戸大橋の技術は後の長大橋の建設に活かされた。

所在地　福岡県北九州市

類似土木施設

梁川《やながわ》橋と子安《こやす》橋

日本に二例しかない下弦材が曲線のトラス鉄橋

梁川橋は一九三三（昭和八）年完成の橋長四二・九メートル、幅員六・五メートルの下弦材が曲線を描いている、現国道二〇号の上路単純曲弦トラス鉄橋。橋台は直接基礎。子安橋は杵沢川に架かる一九三三（昭和八）年完成の橋長三七メートル、幅員五・五メートルの同じく下弦材が曲線を描いている、長野県道山田温泉線の上路単純曲弦トラス鉄橋。コンクリート製の高欄に特徴があったが、床版取り替え時に金属製高欄に取り替えられた。

所在地　山梨県大月市（前者）／長野県高山村（後者）

【梁川橋】

【子安橋】

◆現地を訪れるなら◆

小倉駅を出ると日本初のアーケード商店街『魚町銀天街』がある。しばらく歩くと日本初の二四時間営業スーパーにたどり着く。北九州の台所『旦過市場』の入口だ。鮮魚、青果、精肉、惣菜等の食べ物を中心に様々な店舗が二〇〇以上軒を連ねる。郷土料理「ぬかみそ炊き」や「カナッペ」などお土産にして良し、その場で食しても良し。また銀天街では「焼きうどん」も堪能できる。

Engineering's Heritage

【熊本県山都町】

通潤橋
日本で最もユニークな水路石橋

水が噴き出す石橋

熊本県の中部、阿蘇外輪山の南側に位置する上益城《かみましき》郡山都《やまと》町を流れる五老ヶ滝川に架かる石のアーチ橋が「通潤橋」である。

江戸後期の一八五四（安政元）年に完成したこの橋は、延長三〇キロメートルの農業用の疎水である「通潤用水路」の一部で、深い谷を越すために建設された。橋と同時期に造られたこの用水路は、上流約六キロメートルにある笹原川から取水し、今も現役で用水を運び、下流の白糸台地の田畑を潤している。

通潤橋には石管をつないで造られた通水管が三列通っており、川面から高さ約二一メートルに位置する橋の中央部の木栓を抜くと、橋の両側に水が勢いよく噴き出す仕組みとなっている。この放水は他に類を見ない迫力があり、これがこの橋の大きな特徴の一つとな

裾広がりの石垣がみごとな通潤橋

っている。放水は二〇分程度続くため十分堪能する時間がある。橋のアーチ頂点から真横に噴き出し、美しい曲線を描いて川面に注ぐ。良く見ると上流方向には二筋、下流方向には一筋の水流が見える。橋の下から飛沫を浴びながら見上げる迫力を堪能することも、橋の上に登り間近に放水口の様子を観察することもできる。

　橋から水が噴き出すのは通水管に水圧がかかっているためであるが、そもそも水を噴き出させることを目的としている訳ではない。本来の目的は、通水管の内部にたまった泥や砂を除くことで、八朔《はっさく》の祭日（旧暦の八月一日で現在の九月下旬）に行うのが慣わしであった。現在では、九月に行われる秋水落とし祭りの他、灌漑利用が少ない時期に、観光客用に時間を区切って二〇分程度の放水を行っ

ヒガンバナと通潤橋

ている。

　橋の石垣は、野外彫刻かと思うほどの優美さがある。側面にはアーチ状に積んだ石組みの模様が表れ、橋台は裾広がりの石組みが美しい曲線を描いている。通潤橋の参考にされたといわれる熊本県美里町の霊台《れいたい》橋や、通潤橋の後の時代に架けられた熊本県御船町の八勢眼鏡《やせめがね》橋などには見られない曲線となっている。通潤橋は、なぜこのような形になったのだろうか。

通水の悲願

　通潤橋の南側に広がる白糸台地は、谷に取り巻かれて灌漑が難しく、荒れ地となっていた。この地域に水を引く事業の中心となったのが矢部手永《てなが》の惣庄屋《そうじょうや》布田保之助《ふたやすのすけ》である。

白糸台地の複雑な丘陵地形

放水口の木栓

上流２つ、下流１つの放水口から豪快に噴き出す

江戸後期、藩財政が豊かな薩摩藩などと違い、ここ肥後では土木事業は商人が自力で進めていた。藩主細川氏の改革により郡と村の中間にあたる行政区画である「手永」が編成された。手永は二〇～三〇村単位の規模で、支配責任者は惣庄屋と呼ばれた。そしてこの惣庄屋が中心になって金策を行い、農民の労働奉仕によって新田開発や街道の整備などを行っていたという。

父親が惣庄屋だった保之助は一〇代の頃から、この不毛な白糸台地に水を引くことを考え続けていたという。保之助は惣庄屋になってから、通潤橋の前にもいくつかの石橋を架け、また新田開発などの土木事業を進めていた。当時、水路を石橋で渡す技術も既に確立されていたと考えられ、通潤橋の原型とされる美里町にある雄《お》亀滝《けだき》橋は一八一七（文化一四）年に完成している。

白糸台地は約八・四平方キロメートルの台地で、地下水位が約二〇メートルの深さにあったため、水田は僅かしかなかった。しかも周囲は五老ヶ滝川、笹原川、緑川、千滝川の浸食により深い谷になっており、最も近い五老ヶ滝川から取水しても、白糸台地の半分ほどしか潤わなかった。

用水路のルート決定経緯の詳細は不明だが、『通潤橋架橋一五〇年記念誌』によれば、保之助は近隣の惣庄屋が過去に着工し、途中で挫折した用水路建設事業に着目したという。この計画と残った用水路を見て、笹原川から取水し五老ヶ滝川の上を渡せば、白糸台地の上部にも水を行き渡らせることができると考えたのだろう。そこで五老ヶ滝川を越す場所は、できるだけ上流で川幅の狭い地点を選んだ。それでも川から三〇メートルもの高い位置に橋が必要であり、橋を低くするために方々の施設を研究したのであった。

実は通潤橋を渡る三列の通水管は、橋の左岸側の水溜の吸込口が、橋の上面より七・七六メートル高い位置にある。そして、橋を渡った右岸側の水溜への吹出口は、橋の上面より五・六三メートル高い位置にある。これは、橋の前後の水位差二・一三メートルの水圧を利用して水を運んでいるのである。保之助はこの吹上樋《ふきあげとい》の技術を利用することによって、橋面の高さを低くし橋の規模を小さくすることに成功したのである。

石工集団「種山石工」

通潤橋は橋長が七五・六メートル、幅が六・六メートル、アーチの幅が二六・五メートル、川面から橋面までの高さが二一・四メートルの石橋である。着工は一八五二（嘉永五）年一二月であり、近

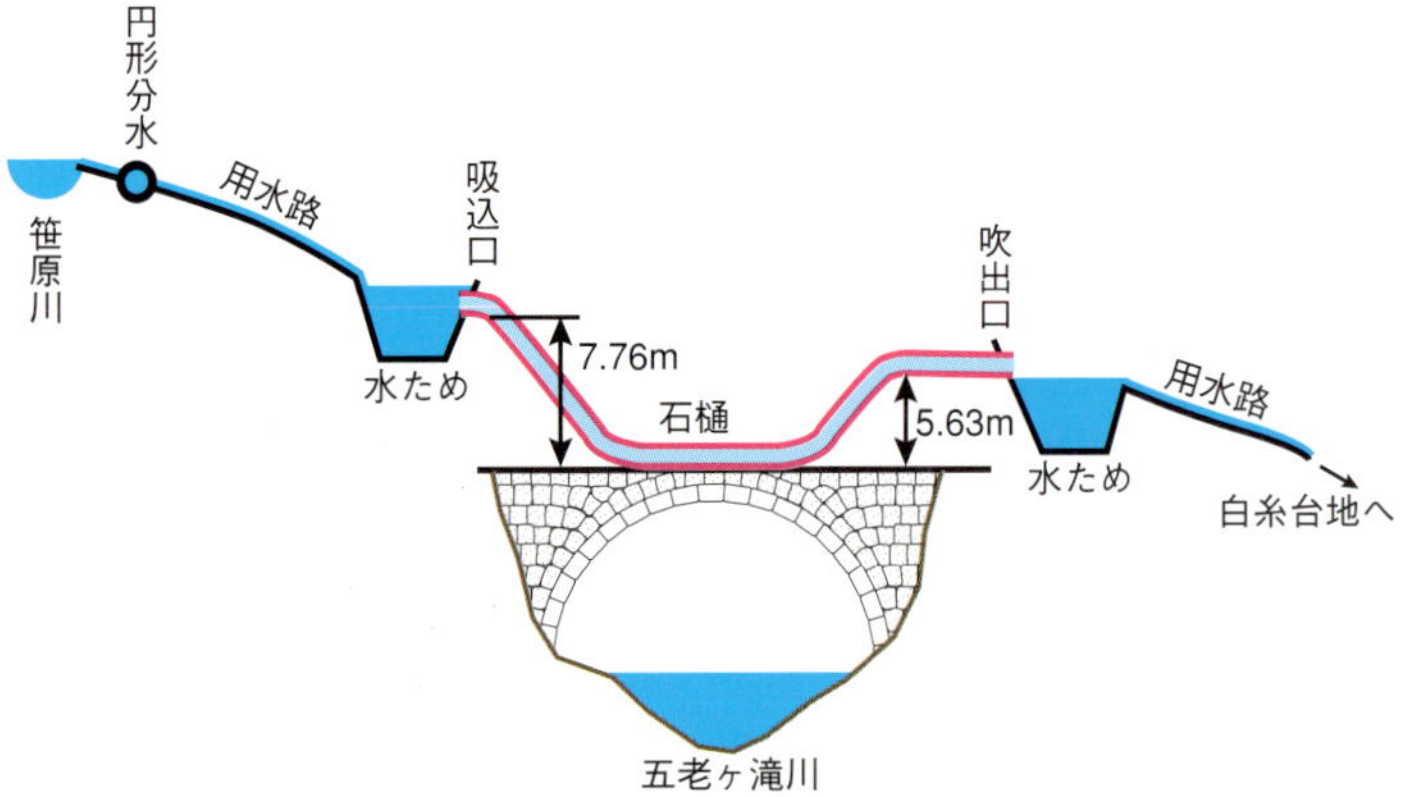

吹上樋の模式図（作製：村山千晶）

隣の砥用《ともち》手永にある高さ約二〇メートルの霊台橋が完成した一八四七（弘化四）年から間もない時期である。また、霊台橋を架けたことにより、石工集団「種山石工」の名声が肥後内に広く知れ渡った時代でもあった。この頃、種山石工の石橋架橋の技術が磨き上げられ、石工や台枠（支保工）を担当する大工などが組織化され、次々と架橋を請け負っていく体制が整ってきたと考えられている。通潤橋の石工の棟梁は小野尻村の宇一（宇市、卯一、卯市と書く説もある）である。副棟梁は種山村の丈八で、後に皇居の二重橋（正門石橋）を架けたといわれている橋本勘五郎である。大工の棟梁は藤木村の茂助である。

通潤橋は一八五四年七月に、着工から一年八カ月で完成している。直前のサイズ変更や裾広がり

の石垣「鞘石垣《さやいしがき》」の流失、根石が小さすぎたための取り替えなどのトラブルがあった。さらに肝心の石管の漏水防止は最後まで試行錯誤が繰り返されたようである。実際、橋が完成したときには、まだ一列の通水管の通水試験が完了しただけで、残り二列からの漏水が止まらず、止水作業を続けながら実用化にこぎつけた。費用も当初の見込みの三倍に増えていた。その後、三列の通水管の完成により約四二ヘクタールの新田が開かれ、その受益面積は一九六一（昭和三六）年に一〇〇ヘクタールにまで達している。

石管をつなぐ漆喰

通水管の漏水防止に苦労した保之助ではあったが、近くの川などで通水管の実験を繰り返しており、「こぶれがし」といわれる場所には実験に使ったと考えられる石管が今でも残っている。実験は一八五一（嘉永四）年頃から始まり、最初は松の板で四方を囲んでた

上流側の吸込口

下流側の吹出口

「こぶれがし」にある実験に使った石管

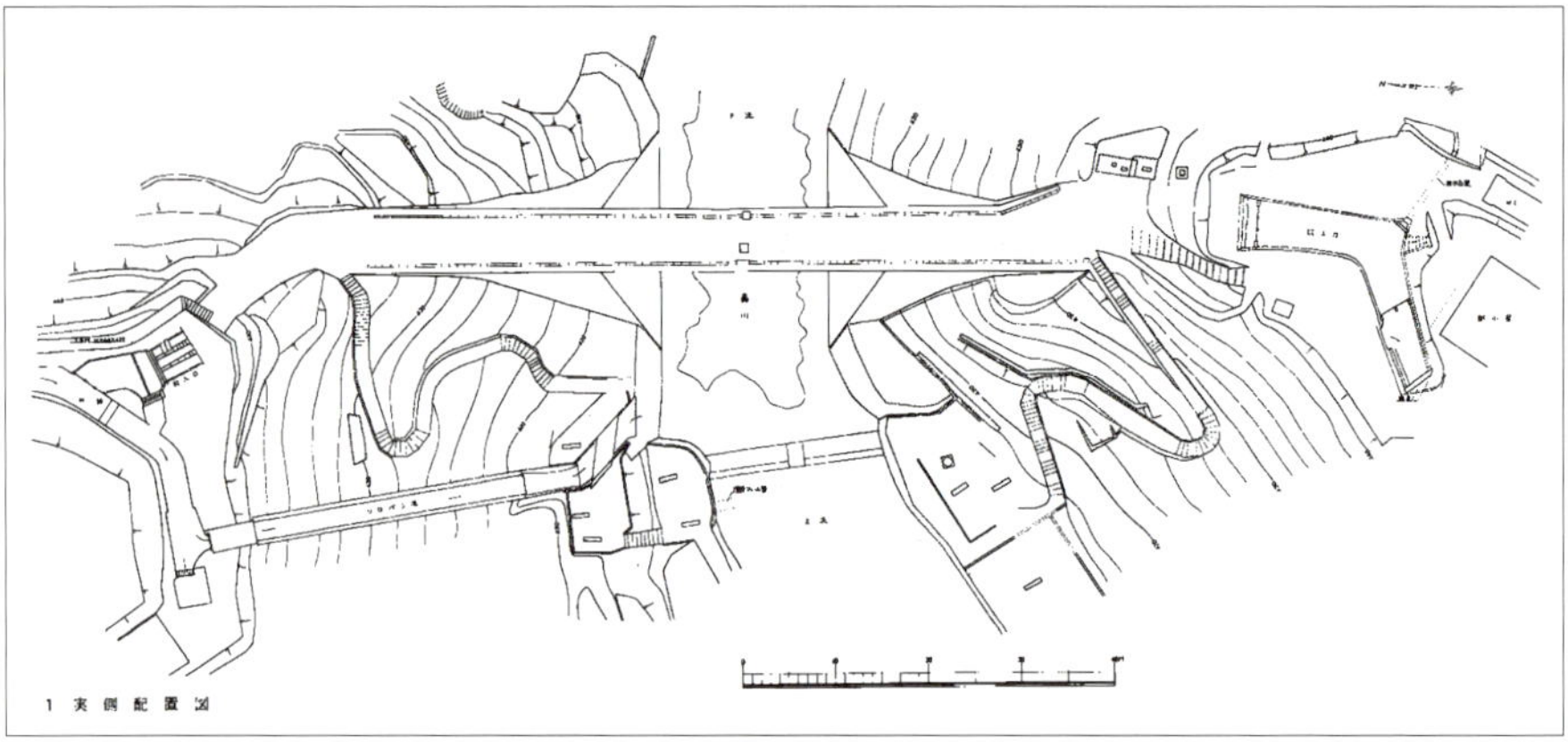

通潤橋平面図（出典：『重要文化財通潤橋保存修理工事報告書』）

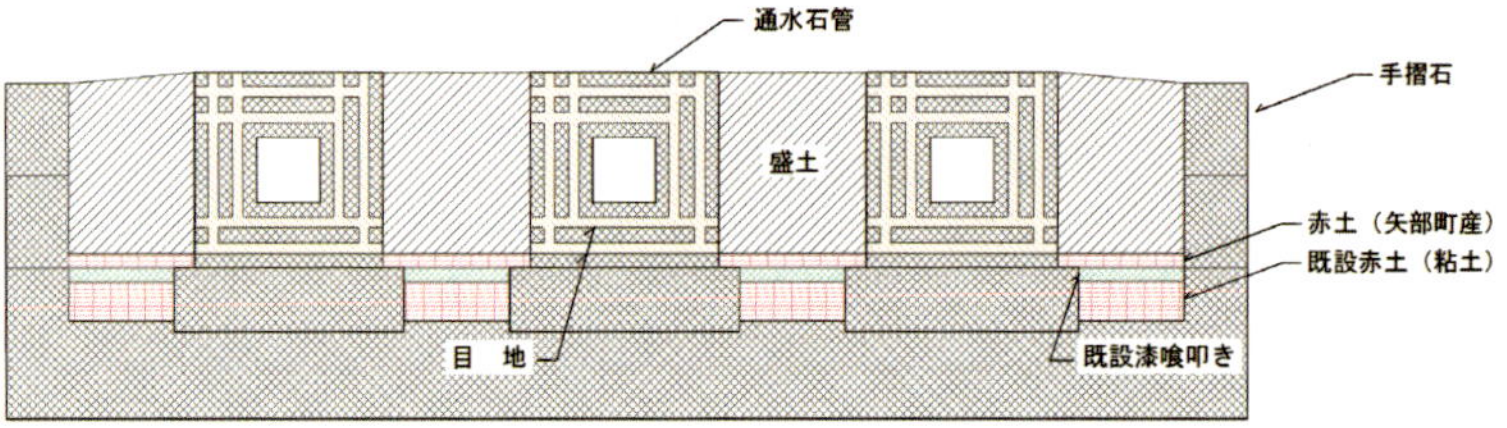

通水管断面図（出典：『通潤橋補修工事報告』）

がをはめた箱形の樋で試して失敗し、次に木の樋と石管を組み合わせて使ったが失敗した。その結果、石管でなければ水圧に耐えられないということになったが、石と石のつなぎ目から水が噴き出してしまうため、つなぎ目に溶かした金属を流し込んだ。しかし熱で石が脆くなってしまい、これも失敗した。実験を繰り返し、ついに石管を「漆喰」でつなぐ方法で用水路の実用化にこぎつけた。

通潤橋の通水量は一昼夜で約一万五千トンに達したという。水を通す石管は六〇～九〇センチメートル角の石をくり貫いて、三〇センチメートル角の穴をもったブロックを前後につないだもので、通水管に使われている石管は約六〇〇個である。

石橋の石材は溶結凝灰岩であり、採石場所等は明確ではないが、周辺の川や山から採取されたようだ。水圧に耐えるためにはつなぎ目が重要となる。石をつなぐためには、隣の石と合わさる面に井桁の溝があり接合面にできた目地穴に漆喰を詰めるようになっている。通潤橋の漆喰は粘土、川砂、消石灰を混ぜ合わせ、塩水や松葉の煮汁を加

1983～1984 年の補修工事時の通水管解体作業
（出典：『重要文化財通潤橋保存修理工事報告書』）

えたものである。

ちなみに、二〇〇〇～二〇〇二（平成一二～一四）年の石管の防水工事では、古文書の『通潤橋仕法書』を基に不明な部分を実験で補って、建造当時の方法を再現して補修が行われた。

裾広がりの鞘石垣

通潤橋は、それまで霊台橋で経験していた高さ二〇メートルの橋よりも数メートル高くする計画となった。このアーチを支えるためには石垣をさらに強く安定したものにしなければならない。

両岸のアーチ石の土台となる部分では、岸の岩盤が奥行き四メートル、幅一八メートル程削られ、川底から三・六メートル程の高さまで敷石が積んである。『通潤橋仕法書』によるとこの土台部分は一度大雨で流されたため、大きな石に積み替え直したらしい。輪石と呼ばれるアーチ部分は半径が一四・四メートルで、一層の石組みから成っている。輪石はアーチ橋の最も重要な箇所であるため、材料を厳選して使用したという。

通潤橋の形を特徴づけているのは、石垣を支えるために両岸の橋台部につけられている裾広がりの石垣である。この鞘石垣は熊本城の石垣にみられる手法で、壁石を横から支えるつっかい棒の役割を担う一種のもたれ擁壁である。熊本城の石壁は裾から徐々に急勾配になり、石垣上部ではほぼ垂直の壁になっている。

通潤橋は城と違い、足下が狭いため、裾の勾配をあまりゆるく積み始めるわけにはいかない。石垣を支える最適な勾配を決定した技術力には驚かされる。一・八メートルごとに勾配の違う、一〇種類ほどの丁張《ちょうはり》という目印板を目安に石を積んでいったという。裾広がりの曲線に見える鞘石垣は、実は一〇本ほどの直線が並んでいるのだ。鞘石垣用の石は面取りされ、角が当たらないようにする手間もかけている。鞘石垣の面が交差する角は、長さ一・五メートルの石が互い違いに積みあげられているが、その裏には表の石を支えるための直方体に近い裏築石が積まれているといわれている。

蛇行している通水管

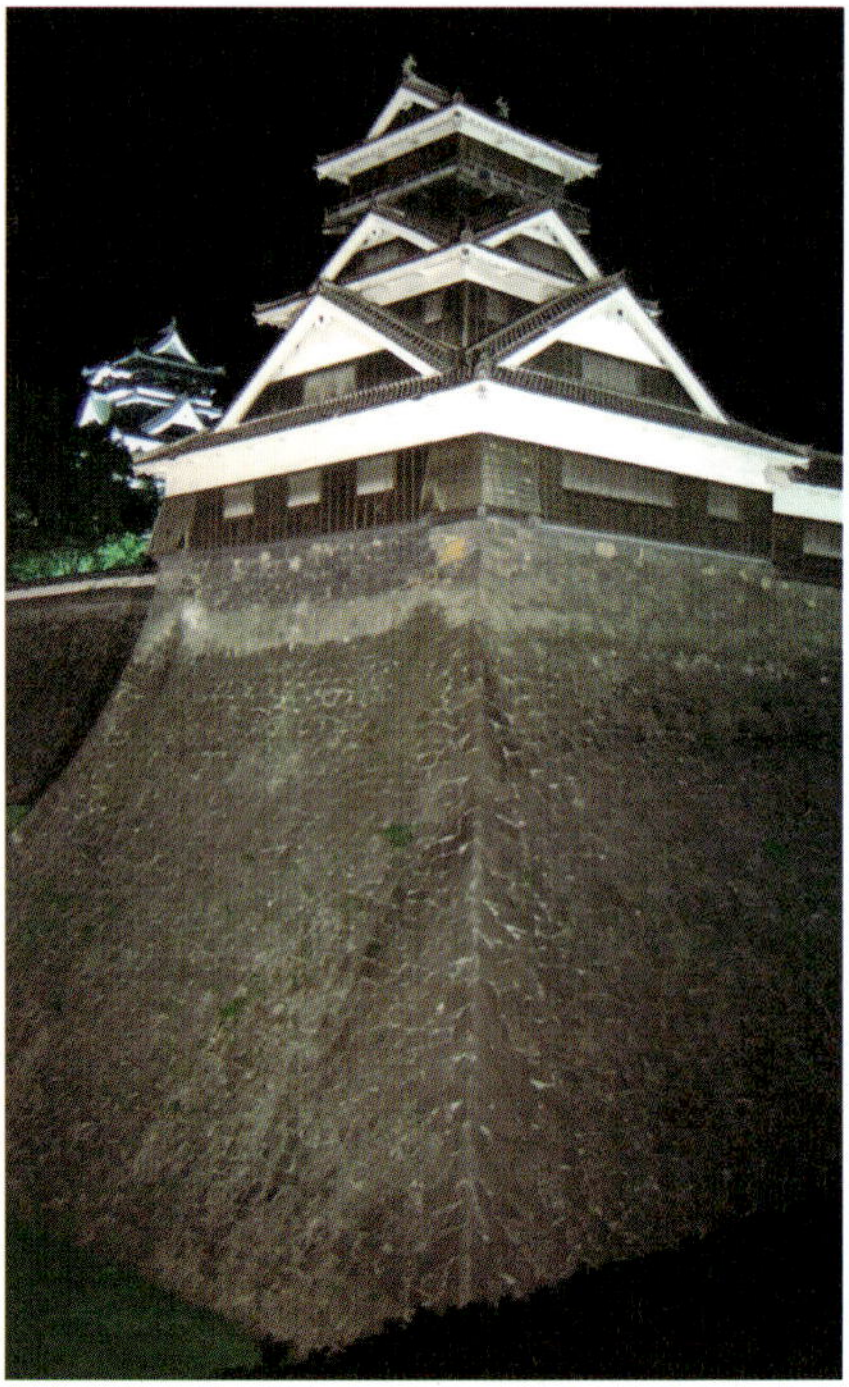
鞘石垣の参考となった熊本城の石垣

また、橋の表面の模様は壁石の積み方によって違ってくるが、通潤橋ではアーチ周辺に扇形の模様がみられる。この扇形は、熊本に多い簡素な野面積み（乱積み）よりも手間をかけた鹿児島式に近い。扇形の模様は、古代からアーチの技術を持つヨーロッパや中国、沖縄にもみられない独特の積み方となっている。

いまだ謎の多い通潤橋

『通潤橋架橋一五〇年記念誌』によれば、まだわかっていないことも多いという。三列の通水管は橋の前後で蛇行しており、これは水の勢いを抑えることを期待したものだといわれているが、これにはいまだ裏付けがない。曲がった部分がずれてしまう危険性の方が大きいとも考えられる。また通水管は、一列一二五メートルの石管の間に四～五カ所、厚さ五〇センチメートルの松材の板樋（木管）を挟んである。これは、地震などの衝撃を緩和し、石管の破壊を防止するための装置だといわれるが、これも裏付けがない。『通潤橋仕法書』には「樋の中に土砂がつまるかどうか、どのくらいの量かはわからないが、念のため土砂抜き用の板樋を設ける」という記述もある。他には石管を取り替えることなどを想定して、板樋を入れているという解釈もある。

結果としての機能美

通潤橋は、当時の持てる技を駆使して、慎重かつ丁寧に造られていることが伝わってくる。しかし、今眺める通潤橋は、そのような苦労など感じさせないほど、静かにたたずんでいる。

　通潤橋は水を運ぶために、高さが欲しかった。石垣を高く積み上げても崩れず、大水に耐え、しかも五老ヶ滝川の流れを邪魔するようなものであってはならない。これを克服するために、保之助や石工たちは、自らの経験に加えて城壁の技術を取り入れて応用し、裾広がりの石垣を採用した。そして、慎重に慎重を重ねた結果がこの橋を形づくったのであり、その機能美を一五〇余年後の現在も堪能することができるのである。

現地へのアクセス

■ 九州自動車道「御船IC」または「松橋IC」から車で約45分。

同設計者施設

明八橋

橋本勘五郎が架設した石橋

熊本市内を流れる坪井川に架かり、新町二丁目と西唐人町を結ぶ、橋長二一・四メートル、幅員七・八メートル、アーチ径間一七メートルの石橋。東京の「日本橋」や「江戸橋」を架けた橋本勘五郎が、帰郷して手がけた石橋のうちの一つ。一八七五（明治八）年に造られたので「明八《めいはち》橋」と名付けられた。隣に「新明八橋」が完成する一九八二（昭和五七）年まで車両が通行していた。一九九一（平成三）年に橋の修復をし、公園として整備した。夏の夕涼みには最適。

所在地　熊本県熊本市

近隣土木施設

笹原の石積《いしぜき》

矢部惣庄屋・布田保之助が灌漑用に造った石積

熊本県中部を流れる緑川水系の支流、一級河川笹原川が流れる笹原集落の北側に、幅四八メートル、流長二〇メートルの石積がある。矢部惣庄屋布田保之助が小笹と野尻地区の灌漑用に、人夫一一二五人を使って一八四八（嘉永元）年四月に完成させたものだ。水圧を少なくし積の崩壊を防ぐための創意工夫が凝らされている。旧矢部町に残っている唯一の石積で、裏面の石垣が亀の甲のような形に組まれているので「カメ積」とも呼ばれる。

所在地　熊本県山都町

類似土木施設

霊台橋

日本でも最大規模の石造りアーチ橋

別名「船津橋」といわれる「霊台橋」が架けられた船津渓は、雨が降るたびに増水し、船が対岸に渡れなかったほど険しい渓谷であった。肥後藩の惣庄屋・篠原善兵衛が出資し、肥後の名工「種山石工」の棟梁・宇助と宇市兄弟が、一八四六（弘化三）年にわずか七カ月で完成させた。車も通っていたが、昭和四〇年代以降は歩行者専用橋となっている。橋長八九・八六メートル、幅五・四五メートル、高さ一六・〇三メートルの単一石橋アーチ橋。国指定重要文化財。

所在地　熊本県美里町

◆現地を訪れるなら◆

通潤橋の周りには矢部郷自然遊歩道が整備されている。橋の左岸側の水溜の吸込口付近から、棚田の間を下ってしばらく歩くと水音が聞こえて来る。現れるのが川の名前にもなっている落差約五〇メートルの五老ケ滝だ。橋からすぐ下流のところにある。遊歩道の吊り橋から眺めるのが良い。天気に恵まれて、さらに運が良ければ「虹」も迎えてくれる。

Engineering's Heritage

【熊本県宇城市】
三角西港
滑らかな曲線が際立つ石積み岸壁

海峡を望むオランダ式の港町

三角《みすみ》西港は、熊本県中央部より西に突き出た宇土《うと》半島の西端に位置し、北方は三角ノ瀬戸から有明海に、東方はモタレノ瀬戸、南方は蔵々瀬戸《ぞぞせと》を経て不知火《しらぬい》海に通じている。三角西港の前方には三角ノ瀬戸をはさんで大矢野島が横たわり、背後には標高四〇六メートルの三角岳を擁している。現在は漁業関係者が主に利用する静穏な港であるが、山裾が迫る僅かな平地に整然と佇む街並みと重厚な石積埠頭が、海峡を望むこの港町の歴史を感じさせてくれる。

三角西港は、当初は三角港として一八八七（明治二〇）年に開港し、宮城県の野蒜港、福井県の三国港とともに明治三大築港と称される。同港は、当時の最先端とされたオランダの築港技術を導入するために、明治政府がオランダから招聘した水理工師ローウェンホルスト・ムルドルの一貫した指導のもとで建設された近代港湾であり、有明海に臨みながら良港を持たなかった熊本県にとっての悲願の港でもあった。また、オランダ築港技術が日本で成功した唯一の港であり、県下を代表する貿易港として繁栄していった。しかしながら、貿易港としての繁栄は長く続かず、三〇年ほどで衰退することになる。

なぜ、三角西港の繁栄は長く続かなかったのであろうか。

ムルドルが選んだ適地

明治時代、港をつくり熊本県内の産業を発展させ、経済を向上させることは、当地域の切なる願いでもあった。そこで一八八〇（明治一三）年、熊本県県議会議長の白木為直《ためなお》らは、熊本県の港湾修築建言書を県令（当時の県知事）富岡敬明《たかあき》に提出した。それは、熊

三角西港と三角ノ瀬戸

本の都心部より西方約一〇キロメートル、細川藩時代から熊本の外港として機能していた百貫石《ひゃっかんせき》港を修築し、県内の産業の振興を図りたいというものであった。

一八七七（明治一〇）年の西南の役で荒廃した県下の復興に尽力していた敬明は、当事業を高く評価、直ちに諸般の手続きを踏み、総工費三〇万円余（現在の金額で約三五億円）の予算を計上するとともに、その内の一〇万円について国費補助を求めた。その後、国の直轄事業として承認され、内務省からは土木技師の派遣を内示されたのであった。この背景には、三池炭鉱の搬出港としての新たな港湾が政府によって望まれたこともあったと考えられる。

一八八一（明治一四）年には、内務省の嘱託技師ムルドルが派遣された。さっそくムルドルは敬明と共に建設予定地とされた百貫石港を視察し、「百貫石は坪井川河口に位置し、周辺の河川からの流出土砂が多いこと、遠浅で船舶の出入りに必要な水深の確保が困難なことなどから築港の地としては不適である」と建言する。

その後の視察の結果、ムルドルは、藩政時代に島原藩との国境の町として番所が置かれていた宇土半島の西端、三角の地を築港の代替地として選定した。この地が選ばれた理由は、港内が静穏であり、水深が深く、暴風や波浪の影響を受けないなどの自然条件が優れていること、有明海と不知火海の中間に位置し、九州西海航路の要所にあったことなどであった。

しかしながら、当地は熊本から四〇キロメートル余りも離れ、さらに宇土半島は先端に行くほど険しい山が海に迫る地形で、道路も整備されていないという難点があった。そこでムルドルは、熊本との間に宇土半島北岸を通る鉄道と道路を建設することでこの問題を解決しようとした。そのため、工事費予算のうち、半額以上が道路建設に充てられることとなった。

丸みを帯びた石積埠頭

埠頭壁の傾斜が緩くなっている浮桟橋跡

開港の光と影

一八八四（明治一七）年三月、まずは熊本と三角を結ぶ道路工事が着工され、同年五月からは港湾工事も始まった。この間、敬明は殆ど毎日のように工事現場を巡視し、督励してまわったとの話が伝わっており、築港の早期実現に尽力した功績に対し、一八九四（明治二七）年には敬明の頌徳碑《しょうとくひ》が三角の地に建立された。

工事着工から三年後の一八八七年八月一五日に、三角西港はめでたく開港を迎えた。栄光と祝福のうちに誕生した同港ではあるが、その一方で囚人を労働者として使用し、多くの犠牲者を出したという暗い影がつきまとう。工事着工にあたり、三角に熊本監獄の出張所が設けられた。約三〇〇名の囚人を使役して、そのうち六九名もが命を落とした。このことから当時の難工事ぶりが想像される。これらの尊い命は一カ所に改葬され、解脱《げだつ》墓として近くの山中で今もなお供養されている。

港と街の一体整備

三角西港の石積みの埠頭壁は高さ六・三メートル、延長七三〇メートルに及ぶ。石材は対岸の大矢野島にある飛岳付近から切り出され、〇・四五メートル角（方一尺五寸）、長さ〇・六一～一・八二メートル（二～六尺）の切石が五分の勾配をもって一六段の高さまで積み重ねられた。そのうち六段以下は常に海面に没するようにされている。また、埠頭壁の最上面には長さ一・八二メートル（六尺）、幅〇・九一メートル（三尺）、厚さ〇・四五メートル（一尺五寸）の巨石が並べられ、隅角部は曲線形状となっている。その高度で緻密な石積みは美しく、今でも築港当時の姿をとどめている。

埠頭壁には人の乗降と貨物の積み下ろしのため、三

底にも石が敷き詰められている西排水路

市街地を貫く東排水路

カ所に浮桟橋を繋留する場所が設けられた。浮桟橋自体は現存していないが、浮桟橋が設けられた箇所は埠頭との連絡橋を設置するため、埠頭壁の最上面から約三メートルが緩やかな傾斜となっている。潮の干満で浮桟橋が上下することで、連絡橋の傾斜が変化しても、連絡橋の下端は常に浮桟橋の上に位置されるように設計されたのである。この浮桟橋の整備により、五〇〇トンクラスの汽船までは直に横付けして荷役できた。

また、ムルドルによる築港計画は埠頭の築造だけでなく、背後の山地を掘削して前面を埋め立てて、新都市をつくるという総合的な港湾都市の建設を目指していた。市街地の全面積は約五万九三〇〇平方メートル、そのうち二万三九〇〇平方メートルは道路用地、残りの三万五四〇〇平方メートルが宅地や倉庫用地に充てられた。

三角西港は、背後の山地と人工的に造成された市街地との間に環濠が設けられ、一種の囲い地を形成している。この環濠は排水路であり、途中の二カ所から一直線に海に向かう排水路も設置され、主要道路との交差部分には石橋が架けられている。いずれも土留に石積みを利用している。また、市街地全域に側溝を設置し、側溝から流れた雨水は排水路に落ちて海に注ぐように設計することで、市街地を水害から守っている。都市基盤施設の一つとして、排水設備を重視していたことがうかがえる。さらに、これらの環濠と排水路は、潮の干満を利用して水路内が自然に浄化されるよう、勾配が工夫されている。

市街地の建築は瓦葺き二階建てでなければ許可されなかった。わずかしかない用地を効率的に使うことや新興の港町としての景観も考えられた結果であろう。

大型船の往来で活況

三角西港の施設整備は着々と進められ、開港前年の警察署に始まり、開港後は長崎税関三角出張所、裁判所、宇土郡役所などの公的な施設が次々に設置された。また、荷役作業を請け負う回漕店の白壁倉庫が建設され、商店、宿屋、遊郭などが立ち並ぶなど、整然とした中にも活況を呈していった。

一八八九（明治二二）年に、米、麦、麦粉、石炭、硫黄の特別輸出港に指定され、一八九九（明治三二）年には開港場としての指定を受け、全ての貨物が取り扱える貿易港として発展していった。当時、有明海、

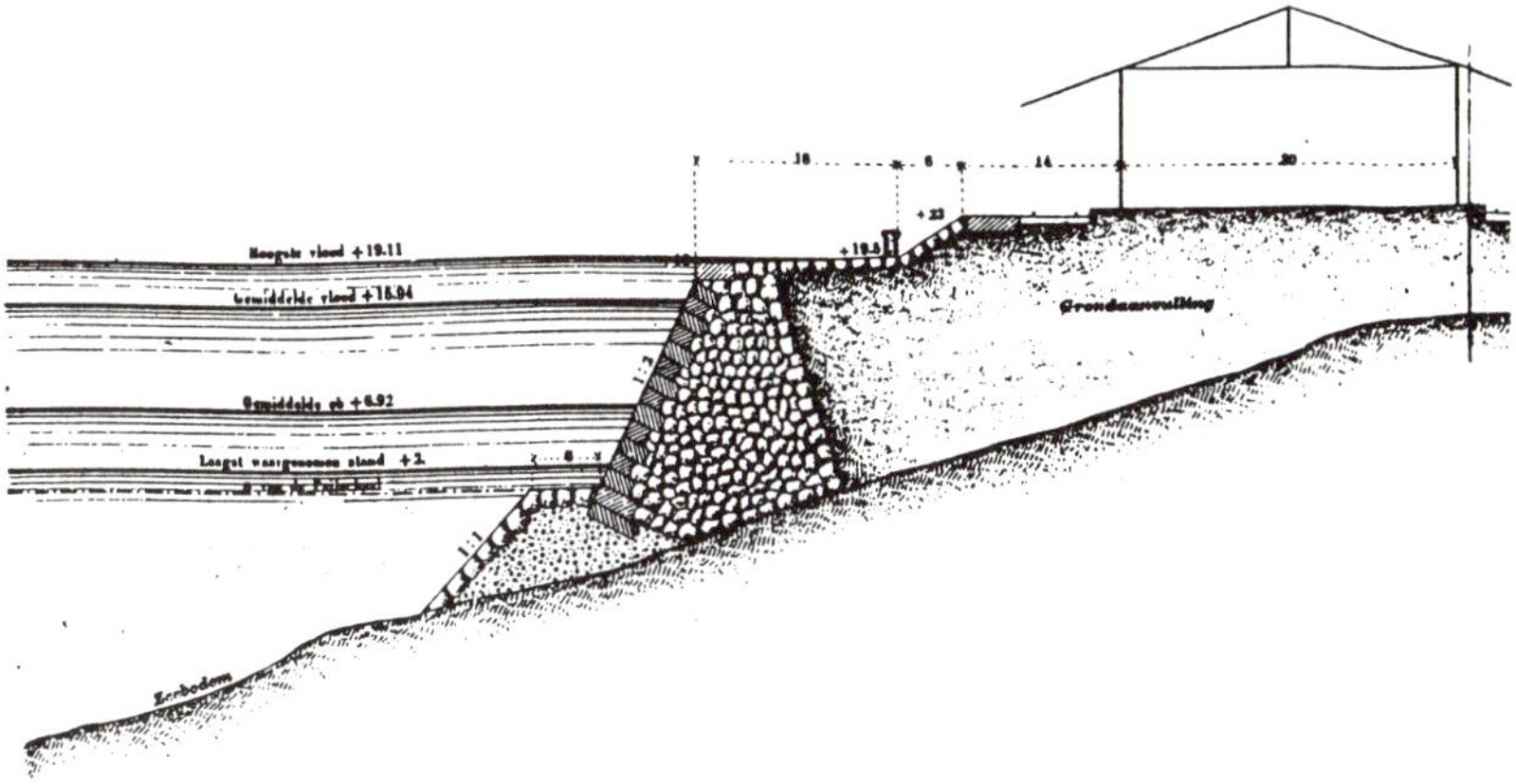

石積埠頭の標準断面（出典：『Een Drietal Zeestraaten van den Japanschen Archipel』）

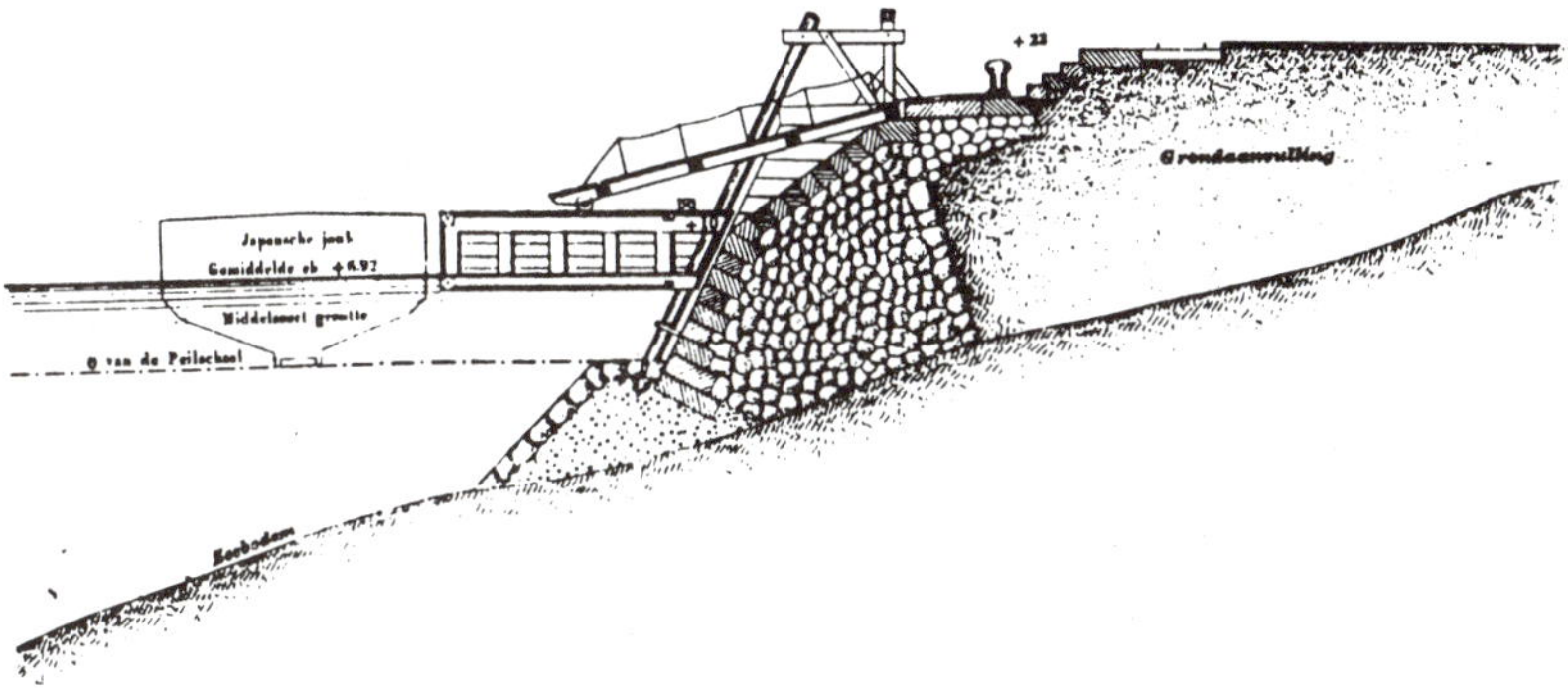

浮桟橋の構造（出典：『Een Drietal Zeestraaten van den Japanschen Archipel』）

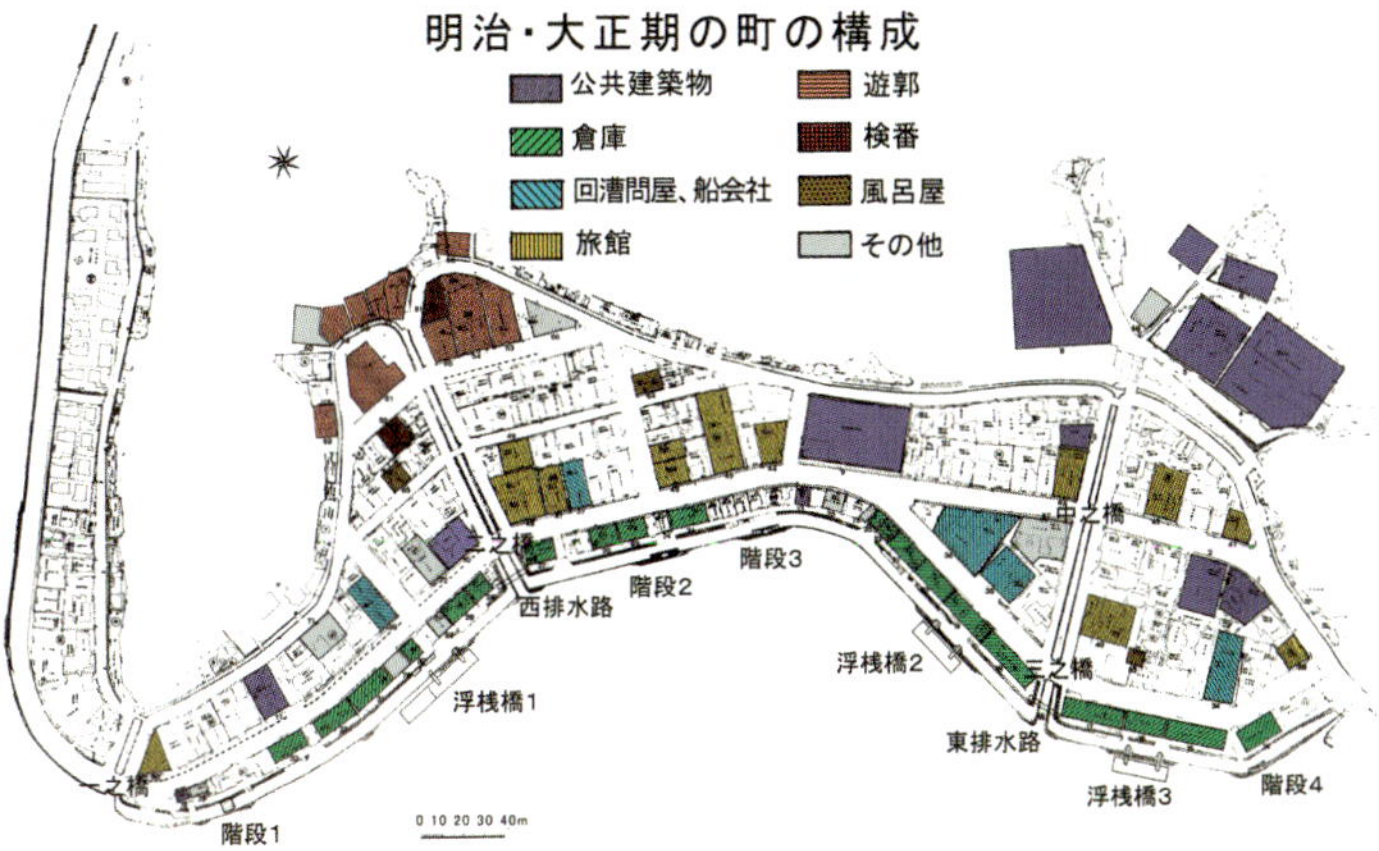

明治・大正期の町の構成（『三角西港の石積埠頭』をもとに作製：遠藤徹也）

不知火海沿岸には河口を利用した港ばかりで、大型船の出入りする設備がなかった。近代的な港湾として整備された三角西港は、貨物を集貨して関東、関西へ送り、関東、関西から移入した貨物を県内と有明海沿岸の各港へ移出する中継港としての使命を果たしていた。

ラフカディオ・ハーンが称えた「灰色の町」

一八九三（明治二六）年、当時熊本に住んでいたラフカディオ・ハーン（小泉八雲）は、長崎旅行の帰りに船で当地を訪れ、旅館「浦島屋」に立ち寄った。その時の様子が『夏の日の夢』と題した作品に書かれている。

「バルコニーの杉の柱のあいだからは、海辺にそってひろがるきれいな灰色の町が見渡せた。錨をおろした

往時の面影を残す旧高田回漕店

ハーンが立ち寄った浦島屋（復元）

黄色い小舟の群れが、眠っているかのようにのんびりと浮かび、そのむこうには二つの大きな緑の崖に抱かれた入江が広がり、その先には夏の光のみなぎる海が水平線までずっと続いている。水平線の上には、山々の影が、まるで古い思い出のようにぼんやりと浮かんでいる。灰色の町と、黄色い小舟の群れと、緑の崖のほかは、見渡すかぎり青一色だ」

石積みの色と瓦葺き屋根の奥に広がる海の情景が目に浮かぶ。穏やかな情景のなかにも多くの小舟が停泊するなど、新興の港町として活気が溢れていた様子をうかがい知ることができる。

短かった最盛期

三角西港の築港当時、近代的炭鉱として成長していた三池炭鉱の石炭をどこから運び出すのかが大きな課

東排水路出口と一枚石の欄干が特徴の三之橋

題であった。三池港では満潮時にしか船が出入りできないため、帆船で石炭を島原半島南端の口之津港まで運搬し、汽船に積み替えていた。出炭増加にともなう貯炭場拡張の必要性などもあり、三角西港が石炭の海外輸出港として重要視された。しかしながら、明治三〇年代初頭には、増産する三池炭鉱の石炭を早く円滑に積み出すため、口之津港の開発や三池港の築港計画が策定されたことから、開港後一〇年で早くも三角西港の石炭輸出港としての利用価値は薄れていった。

一八九九年には当初から計画されていた鉄道がやっと敷設された。しかし、三角西港に隣接した鉄道駅の設置は地形上困難であったため、三角西港とは山を隔てて二キロメートル余り離れた際崎《きわさき》の地（現在の三角駅周辺）に鉄道駅が置かれることとなった。その後、三角西港までの鉄道延長が建議されたが、実現に至ることはなく、当地に鉄道がつながることはなかった。

さらに、際崎に鉄道駅が設置されたのを機に、駅前に三角東港が開設されることとなった。大正時代末期にもなると、陸上の物資輸送が円滑でない三角西港で荷役する船は徐々に減り、三角東港に碇泊する船が増えていった。以後、三角東港の施設拡充はなされたものの、三角西港が開発の対象となることはなかった。

漁船が繋留される静かな三角西港

こうして三角西港の衰退は余儀ないものとなったのである。

今に伝わる殖産興業にかけた夢

貿易港としての繁栄が長く続くことはなく、港湾流通機能が転出していった三角西港は、しばらくの間静かな一漁村の様相を呈していた。しかしながらそのことが幸いし、同港は石積埠頭を始め、築港当

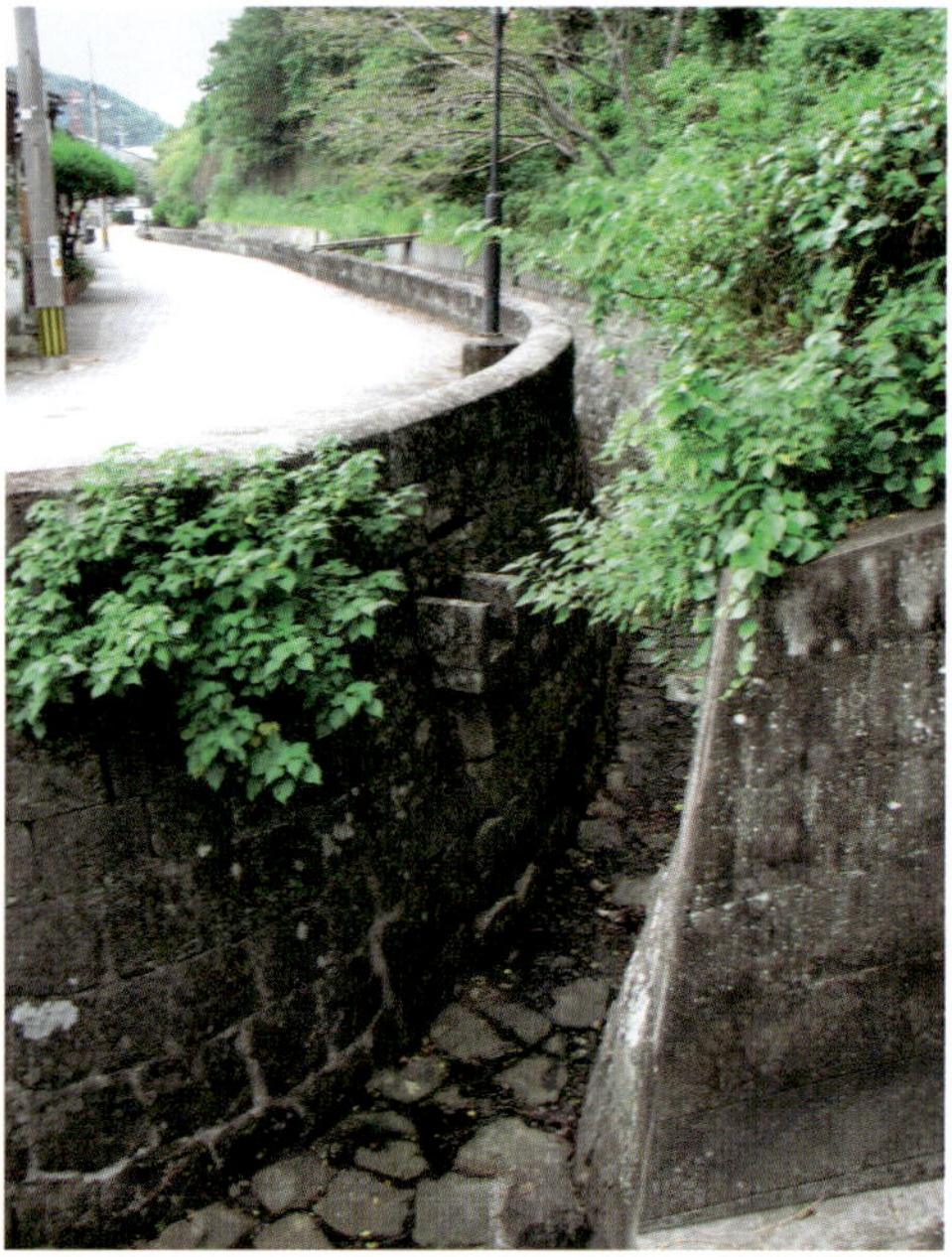

山裾をなぞる環濠

時の施設がほぼ原形の状態で残されることとなる。

築港一〇〇周年を機に、三角西港はその存在意義が見直され、開港当時の建造物復元や一帯の公園整備がなされ、観光港として再興された。そして、二〇〇五（平成一七）年には石積埠頭と水路が国の重要文化財に指定され、現在では、世界遺産登録に向けた取り組みが進められている。

現在の三角西港には、かつての貿易港としての賑わいはない。しかしながら、港湾都市計画の思想に基づき整備された市街地と緻密な石積みは、今でも我々に明治の殖産興業にかけた夢を感じさせるとともに、ハーンが「きれいな灰色の町」と称えたその思いを共感させてくれる。

対岸の大矢野島から眺めた三角西港

現地へのアクセス

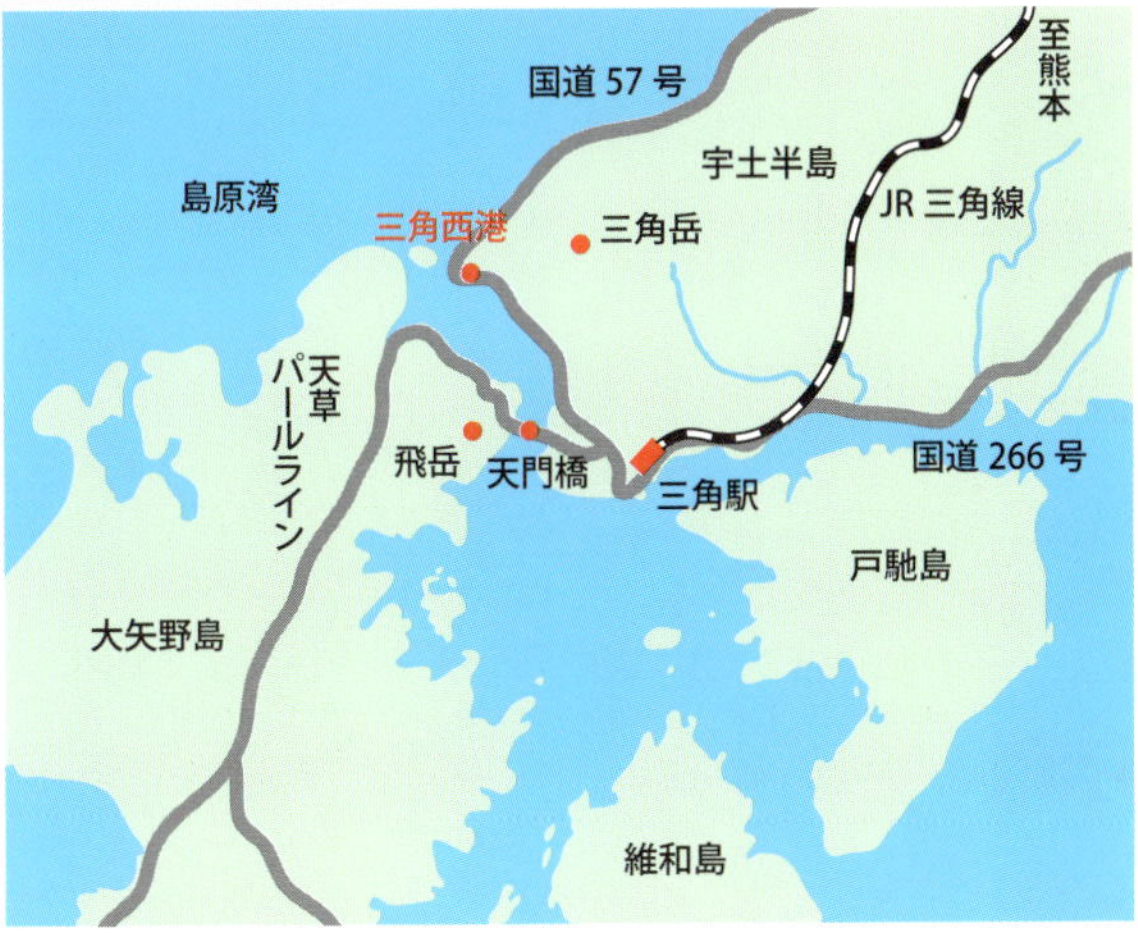

■ JR三角線「三角駅」からバス「熊本交通センター行き」乗車5分「三角西港前」下車。または、バス「さんぱーる行き（三角西港公園経由）」乗車5分「三角西港公園」下車。
■ 九州自動車道「松橋IC」から車で約50分。

同設計者施設

利根運河

利根川と江戸川を結ぶ運河

江戸末期、利根川と江戸川の分岐部には、利根川の洪水時に江戸川への流入量を制限する棒出しが設置され、水面幅が狭く航行の難所であった。それを避けるため、江戸川と利根川を結ぶ全長八・五キロメートルの運河が造られ、一八九〇（明治二三）年に完成した。これにより航路も約四〇キロメートル短縮になり、多くの船が運河を往来した。鉄道により舟運が衰退し、一九四一（昭和一六）年に役目を終えるまで、年平均二万隻もの船が利用した。今も建設当初の運河の形態や自然が残る。

所在地　千葉県野田市／流山市／柏市

近隣土木施設

天草五橋

「天草パールライン」の五つの橋

一九六六（昭和四一）年に完成した九州本土と天草諸島を結ぶ五つの橋。一号橋（天門橋）は、三角と大矢野島を結び、五橋の中で最も海面からの高さがある連続トラス橋。二号橋（大矢野橋）は、大矢野島と永浦島を結び、ベージュ色のアーチが特徴のランガートラス橋。三号橋（中の橋）は、永浦島と大池島を結ぶPCラーメン橋。四号橋（前島橋）は、大池島と前島を結び、五橋の中で一番長い（五一〇メートル）PCラーメン橋。五号橋（松島橋）は、前島と天草上島を結ぶ赤いパイプアーチ橋。

所在地　熊本県上天草市

【天門橋】

【松島橋】

類似土木施設

三国港

明治の三大築港

九頭竜川河口に位置する三国港は、明治初期に起こった九頭竜川の氾濫によって漂砂が河口に堆積し、船の出入りに必要な水深が確保できなくなった。港湾としての機能を回復させるため、地元の豪商が工事費の大半を負担することで、国の直轄事業として港湾整備を行うことが決定した。そして西洋技術を取り入れた近代港湾として整備が進められた。計画・設計はエッセルが担当し、工事の指導・監督はデ・レーケが引き継いだ。突堤はエッセル堤とも呼ばれ、今も堆積を防ぐ役割を果たし続けている。

所在地　福井県坂井市

◆現地を訪れるなら◆

この地域へのアクセスには、天草エアラインを利用した空路もお勧め。福岡空港からだと天草空港まで三五分。わずか一機しかない小型機が運航している。塗装は、跳ねるイルカと海と空をイメージした波模様だったが、最近TV番組の企画で新塗装になった。シートポケットに置かれた手作りのマップや案内パンフがユニーク。このアットホーム的なあたたかさに癒される。

Engineering's Heritage

【鹿児島県屋久島町】安房森林軌道
新たな使命を担って走る

「洋上のアルプス」屋久島

九州の最南端、鹿児島県佐多岬から約七〇キロメートル南南西に位置する屋久島は、面積は約五〇〇平方キロメートルで、東西約二八キロメートル、南北約二四キロメートル、周囲約一三二キロメートルの円形に近い五角形をしている。

「洋上のアルプス」とも呼ばれ、九州一の高さを誇る標高一九三六メートルの宮之浦岳を主峰に、一五〇〇メートル級の山々が連座している。北上する黒潮の影響を受けた温かい水蒸気がこれらの山の斜面を上昇する際に急激に冷やされて雲になりやすく、屋久島は雨がとても多い。年間降水量は平地部で約四五〇〇ミリメートル、山岳部では約八〇〇〇〜一〇〇〇〇ミリメートルに達し、年間の五〜六割が雨天となる。年平均湿度七五パーセント、年平均気温一九度であり、高温

人力施工の切通し

多湿の気候である。

北緯三〇度二〇分ほどに位置するため亜熱帯地域に属するが、山岳部では亜寒帯地域となり、多様な植物の垂直分布を目にすることができる。沿岸部はガジュマルやアコウなどの亜熱帯照葉樹林、標高六〇〇メートル付近まではシイやカシなどの照葉樹林となり、これより標高が高くなると屋久杉が目立ち始める。標高九〇〇メートル付近になると様々な広葉樹と屋久杉の森となって、標高一七〇〇メートルを超えると森林限界に達する。有名な「縄文杉」は標高約一二〇〇メートルの山中にある。また、野生動物としては、ヤクシマザルやヤクシカが数多く生息しており、登山道を彷徨い歩けば容易に遭遇できる。

屋久島にはこのような豊かで美しい自然が残されており、島の面積の約二一パーセントが一九九三（平成五）年に日本で初めて白神山地とともに世界自然遺産に登録された。

日本最後の森林軌道

土壌の養分が十分ではなく、多雨多湿により光合成が不活発な環境で育つ屋久杉は、成長が遅く年輪が綿密となり樹脂を多く含む。この樹脂により防腐・抗菌・防虫効果を生み、他の杉に比べると比重が重い。また、年輪の美しさから工芸品や建築装飾用材として珍重されている。硬質で割裂性があるため平木《ひらき》（短冊型の薄板）に加工され、寺社仏閣等の屋根材として利用されてきた。この平木は、江戸時代には年貢の代替品として納められた他、米・小麦・大豆・蜜柑と交換されるなど貨幣的な価値もあった。

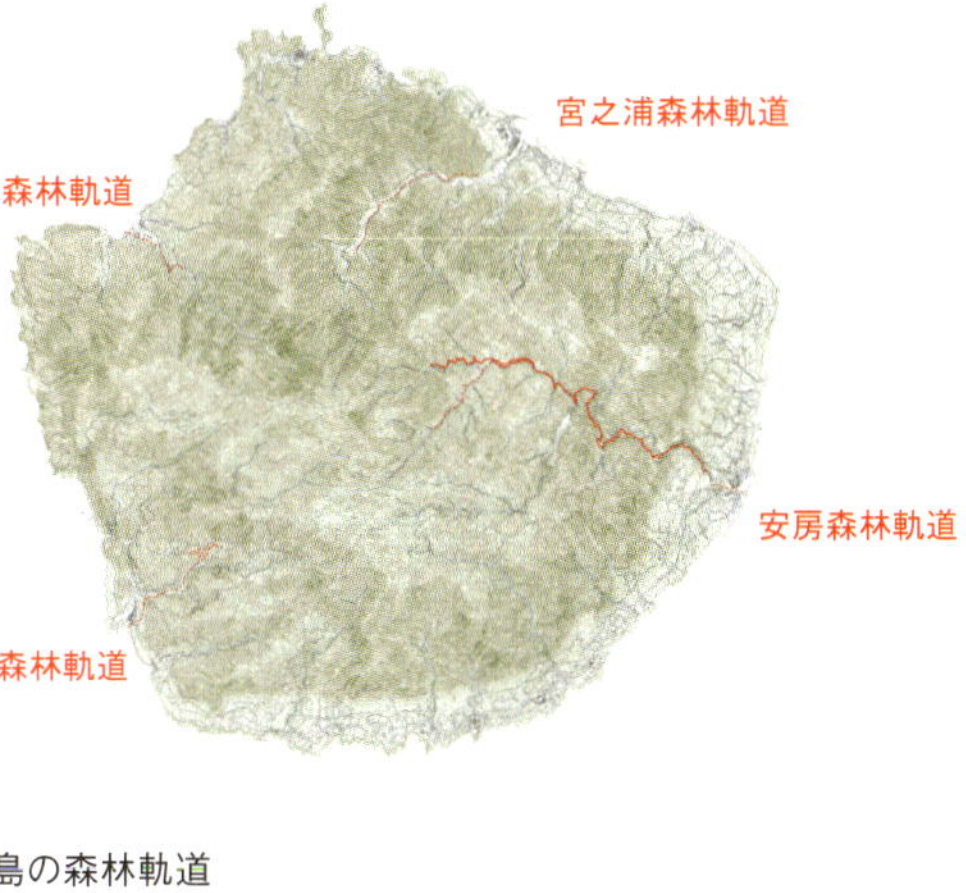

屋久島の森林軌道

（国土地理院発行の数値地図 25000（地図画像）『一湊』『屋久宮之浦』『永田岳』『宮之浦岳』『安房』『栗生』『尾之間』を合成した画像に、昭和 29 年発行の『屋久島西北部』『屋久島東北部』『屋久島西南部』『屋久島東南部』から軌道を抽出して加筆作製：中村和也）

この貴重な森林資源を活用するため、大正末期から昭和初期までの間に屋久島東部の安房《あんぼう》森林軌道、北東部の宮之浦森林軌道、北西部の永田森林軌道、南西部の栗生《くりお》森林軌道の四路線が建設された。これらの軌道は、山岳部で伐採された屋久杉を沿岸部まで運材するために敷設されたもので、屋久島の森林開発の動脈として運行されていたが、昭和中期に各沿線の伐採計画の終了と共に使命を終えた。しかしながら「安房森林軌道」の路線では、今でも機関車が運行されている。観光目的以外では全国でもここだけである。なぜ安房森林軌道のみが利用され続けているのだろうか。

屋久杉（ウィルソン株）

ヤクシカの親子と安房森林軌道

屋久島憲法

屋久杉の伐採で歴史的に明らかなもののうち最も古い記録は、一五八六（天正一四）年に島津家当主である島津義久が、家臣の伊集院忠棟と島津忠長に京都の方広寺《ほうこうじ》建立の用材として伐採を命じたものである。その後、藩政時代に入り、奉行が配置され、林政運営は藩財政上重要な位置を占めるようになった。

明治時代に入り、藩所有の山林は全て官林と称することとなり、一八七九（明治一二）年に地租改正による官民有区分がなされた。しかし、島民は島の共有地として維持してきた実状を訴え、官有地と民有地の区分に関する係争となった。一六年間におよぶ行政訴訟ののち島民側の敗訴となり、林業を生業とする島民の困窮の度は増し、これらにまつわる諸問題が島内対立にまで発展した。これを解決するため政府は、一九二一（大正一〇）年五月に『屋久島国有林経営の大綱』を定めた。これが一般に「屋久島憲法」といわれるもので、屋久島原生林保護や島民の利益の確保、計画的な森林開発計画の方針が定められたものであった。同年一二月に第一次施業案の調査が終了すると、一九二三（大正一二）年に「第一次屋久島国有林施業計画」を策定した。これにより、原生林の保護、安房港の築港、森林軌道の敷設、製材所の設置、電話網の充実など具体的な事業計画が示され、本格的な国有林経営（直営生産）が開始されたのである。

難所に挑む

このような状況下、一九二二（大正一一）年六月に熊本営林局により安房森林軌道の工事が始まった。屋久島第二の集落の安房にある安房港の貯木場を起点に、伐採の前線基地となる小杉谷官行斫伐《しゃくばつ》所（後の小杉谷製品事業所）までの一六キロメートルを三工区に分けて着工された。全区間、屹立《きつりつ》した地形の連続で硬質な花崗岩が主体であるため、岩盤はダイナマイトで砕き、人力でノミを用いて穿ち、土石はモッコで運び、沢には木を組み合わせた木橋を架橋し、急峻で足場の悪いところはロープで体を吊っての作業であった。現代のような施工機械も

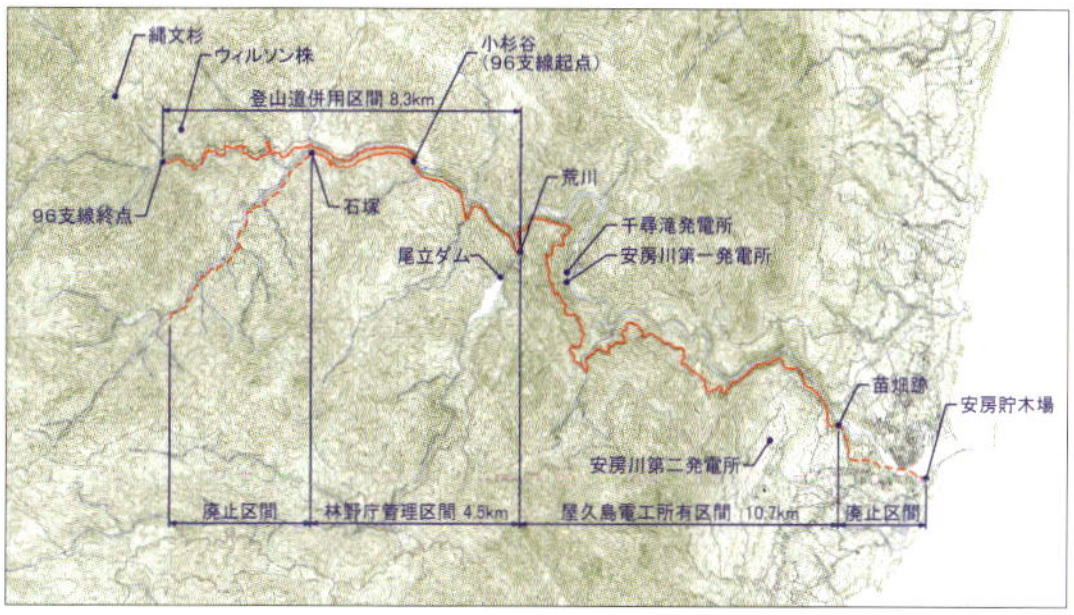

安房森林軌道平面略図（国土地理院発行の数値地図25000（地図画像）『一湊』『屋久宮之浦』『永田岳』『宮之浦岳』『安房』『栗生』『尾之間』を合成した画像に、昭和29年発行の『屋久島西北部』『屋久島東北部』『屋久島西南部』『屋久島東南部』から軌道を抽出して加筆作製：中村和也）

ない中、三二万円（現在の金額で約九億円）の工費を費やし、着工から一年半後の一九二三（大正一二）年一二月に開通した。標高〇メートルの安房から六四〇メートルの小杉谷まで、平均四〇パーミルの急勾配である。途中には二四の橋梁と一六のトンネルがある。この路線の線形諸元は不明であるが、『森林鉄道建設規程』の「二級線」に相当し、最小曲線半径一〇メートル、最大勾配五〇パーミル、軌間七六二ミリメートル、建築限界幅二二〇〇ミリメートルである。路線設定の制約条件が多い急峻な場所を通るので、規定の制限値を随所で使っていると思われる。

開通後は、事業箇所の移動に伴い各方面に延伸され、最盛期には軌道総延長は約二六キロメートルに及んだ。一九五三（昭和二八）年には、六キログラムレールから九キログラムレールへの敷設替えが行われ、木橋から鉄橋への架け替えなどの施設更新・維持も続けられてきた。伐採木の運材が終了する一九六九（昭和四四）年末までの間で、約六〇〇〇万円（現在の金額で約四億円）の工費が投じられて維持されてきた。

重力にまかせて駆け下りる

森林資源の運び出し作業は、伐採し丸太の形にする「伐木造材」、人力や機械により土場と呼ばれる積込み場所まで集める「集材」、土場から安房貯木場まで運ぶ「運材」に分けられる。この運材を担うのが安房森林軌道の役割である。

朝、小杉谷製品事業所前から、実車（伐採した森林資源を積載した貨車）で安房貯木場へ向かう組と、伐採した森林資源を積み込むために逆方向の土場に向かう組が出発する。正午には、安房から諸資材や生活物資を積み込んできた空車（伐採した森林資源を積載していない貨車）と、土場からの実車が事業所前に停車する。このように二組に分かれて運材するのが

屋久杉の搬出拠点である安房港の貯木場

沢に架かる木橋

人力で穿ったトンネル

日常であった。
実車が下るときは機関車に連結せず、一台の貨車に一人ずつ乗り、ブレーキ操作のみで重力にまかせて下っていく。機関車は一二～一四台の貨車を連結して上がるときに活躍する。機関車が導入される一九二六（昭和元）年以前は、貨車は牛や馬で引き上げられた。
また、森林軌道を補完するためにインクラインも設置された。インクラインとは、ケーブルカーと同じ原理で急勾配の軌道を敷設し、貨車がつるべ式に上下するものである。常に下りが実車であるため動力を必要とせず、ブレーキのみで操作され、そのまま森林軌道に入線し安房貯木場まで運材された。インクラインは、架線集材機の能力が向上する昭和三〇年代まで盛んに設置されていた。

発電所建設にも一役

現在、安房川には三カ所の水力発電所が稼働している。急峻な地形で日本有数の降水量を誇り、水力資源を利用するには絶好の場所である。この水力資源の開発とそれにより生産された電力を利用した工業経営を目的として設立されたのが、屋久島電工株式会社であ

屋久杉が載せられた貨車

る。この電源開発は、一九五三（昭和二八）年に千尋《せんぴろ》滝発電所が建設され、続いて一九六〇（昭和三五）年に安房川第一発電所、一九六三（昭和三八）年に尾立ダム（荒川ダム）が完成した。実は、この時の建設資材運搬にも安房森林軌道は利用されている。

建設資材運搬は二四時間三交代制で続けられ、保線員も区間ごとに配置された。森林資源運材用で三台、建設資材運搬用で四～五台の機関車が単線軌道を往復していたため、「タブレット（区間内に他の列車が入らないようにするための通票）」を用いて運行上の安全を確保していた。

新たな使命

小杉谷周辺の伐採計画が終了し、一九六九（昭和四四）年五月には、安房森林軌道の運材も終了した。小杉谷製品事業所は翌年に閉鎖された。伐採地域が荒川地区や栗生地区に移り、それとともに荒川地区まで安房林道が開通したことによりトラック輸送が有利になったためである。

屋久島にある宮之浦・永田・栗生の軌道は、昭和四〇年代半ばまでに廃止された。しかし、安房森林軌道のみ、一部の路線で新たな使命を担っている。

安房森林軌道の苗畑跡～荒川間一〇・六八キロメートルは、屋久島電工株式会社に払い下げられ、発電所やダムの維持管理専用軌道として利用されている。月一回の取水口、週一回の発電所の定期メンテナンスのために運行され、異常時にはすぐ対応できるような体制も整えられている。年に二〇日間は専門業者に委託し、軌道補修を行いながら維持されている。これにより、一九七九（昭和五四）年に完成した安房川第二発電所を含め、三カ所の水力発電所での総発電量は五万六千五百キロワットに達し、島内の電力のほぼ全てを賄い、島の社会的基盤を支えている。

荒川～小杉谷分岐～石塚間の本線四・五二五キロメートルは林野庁が所管しているが、小杉谷分岐から縄文杉方面に延びる支線六・〇二七キロメートルは鹿児島県に貸し付けられ、登山道としても利用されている。登山道にあるトイレの屎尿タンクの運搬や土埋木《どまいぼく》の運材は、有限会社愛林に委託されている。土埋木とは、自然倒木もしくは伐採された切株や林内に放置された屋久杉のことで、土がかぶり苔生しても腐朽していないため、高品質な工芸品材料として重宝されている。近年は、資源の奥地化が進みヘリコプターでの運材も行われている。

急斜面に設けられたインクライン
（提供：九州森林管理局屋久島森林生態系保全センター）

屋久島の水力発電を担う尾立ダム（荒川ダム）

小杉谷製品事業所跡の記念碑

登山道としても利用されている軌道

未来に向けて

屋久島の森林軌道は戦時、戦後復興期、高度経済成長期の木材需要に応えて日本の一時代を支えたが、時代の趨勢により当初の役割を終えた。現在では、島内の電力を賄う発電所の維持管理専用軌道、地場産業のための資材運材用軌道として活躍している。

今後、安房森林軌道は森林資源の保全、観光業の発展や地域振興が有機的に結合するための媒介とはなりえないだろうか。旅客化すれば、森林資源とのふれあいや学ぶ場の機会が増え、地域産業へも貢献できるだろう。しかし、そのためには脆弱な軌道の改修・信号保安の整備・橋の架替え・用地の拡幅など多額の設備投資を要する。大切なのは、旅行者・地域住民・観光業者・研究者・行政のバランスのよい協力が必要なことである。

いつかそのような時代が来ることを期待したい。安房森林軌道は今までの歴史とともに、時代から要求される使命を担い、これからも走る機関車を支え続けるだろう。

架け替えられた木製欄干付き鋼桁橋

現地へのアクセス

■「屋久島空港」からバス「屋久杉自然館行き」乗車22分「屋久杉自然館」下車。バス「荒川登山口行き」乗換え乗車35分「荒川登山口」下車。他に「宮之浦港フェリーターミナル」からバス乗継ルートあり。約90分。

近隣土木施設

屋久島灯台（永田灯台）

南方航路整備のための台湾航路灯台

屋久島は佐多岬より南南西約六〇キロメートルの洋上にあるほぼ円形の山岳島で、周囲一三〇キロメートル、島の中央部は一〇〇〇メートル級の山が三〇座以上ある。九州最高峰となる宮之浦岳は一九三六メートルで日本百名山にも選ばれ、洋上アルプスとも呼ばれている。また、屋久杉は銘木として著名で、特別天然記念物として保護された。一九九三（平成五）年、屋久島は世界自然遺産に登録された。その屋久島の最西端となる永田岬にそびえる屋久島灯台は、日本本土から台湾に至る南方航路整備のための台湾航路灯台八カ所のうちの一つ。一八九七（明治三〇）年に完成した灯台は煉瓦と御影石の折衷造りの煉瓦石造円形白色で、地上から頂部までの高さが一九・六メートルある。明かりは一五秒に一回白い閃光を放ち、約四〇キロメートル先まで届く大型標識。向かいの口永良部島との間は「屋久島海峡」と呼ばれ、日本本土から奄美や沖縄等を結ぶ大型定期旅客船や貨物船等が行き交っており、これら船舶の航行の重要な目標となっている。毎年五月中旬に実施される「屋久島ツーデーマーチ大会」の際に一般公開している。

所在地　鹿児島県屋久島町

（提供：海上保安庁）

類似土木施設

木曽森林鉄道

木材運搬から観光用となった森林鉄道

木曽谷最初の本格的森林鉄道は、一九一六（大正五）年に全通した小川線（上松～赤沢）に始まる。全盛期の昭和三〇年代には、総延長四二八キロメートルに達し、木材の運搬や地域の足として活躍した。やがてトラック輸送が盛んになり、一九七五（昭和五〇）年に全廃された。一九八七（昭和六二）年、赤沢自然休養林で、かつての小川線であった一・一キロメートルの運行が再開された。当初は檜を運ぶ専用線であったが、現在は観光用として運行している。

所在地　長野県上松町

◆現地を訪れるなら◆

屋久島の南端に平内海中温泉という露天風呂がある。磯の中から温泉が湧き出ているため、干潮の時以外は海に没する。その際は、近くにある潮の干満の影響を受けない湯泊温泉がお勧め。同様に海岸にある露天風呂で、景色がよく波音を聞きながら夕日などが楽しめる。平内海中温泉でも会った女性グループは我々に気を使ってか、足湯で満足のようだ。環境整備協力金二〇〇円が必要。

〔沖縄県那覇市〕金城の石畳道
首里城へと続く石畳

「真珠道」という道

沖縄県那覇市金城《きんじょう》地区にある石畳道は、戦災から逃れて、琉球王国時代（一四二九～一八七九年）から現存する道である。両脇には赤瓦の屋根や石垣など昔からの面影が残る人気の観光スポットがあり、沖縄県指定記念物として大切に保存されている。琉球王国時代には、首里城付近や首里城を基点として数多くの石畳道や石橋が存在したと言われている。

琉球王国時代、首里城と間切《まぎり》（現在の市町村）を結ぶ主要街道として、宿道《しゅくみち》と呼ばれた道幅二・四メートル（八尺）以上の道があった。その一つが首里城を起点とし、南西約三・五キロメートルにある国場《こくば》川を渡る真玉《まだん》橋を経由して那覇港南岸の住吉町までを結ぶ延長約八キロメートルの「真珠道《まだま》」である。

真珠道は第二次世界大戦や戦後の道路整備によりほとんどが破壊された。しかし金城にある約三〇〇メートルの石畳道は、約五〇〇年前から現存している道である。石畳道の幅は三・〇～五・三メートルあり、宿道の定義からするとかなり広い幅を持つ道で、当時は大道と呼ばれていた。

真珠道は、首里城南側の上間《うえま》や識名《しきな》地区を通る唯一の道であったため人馬の往来は多く、石畳道の中間地点ではユサンディマチ（夕方の小市場）が開設され賑わっていた。金城地区では、横道も石畳で整備されていたようである。

当時の日本では参道の一部にしか用いられていなかった石畳道。なぜ琉球王国は主要街道を石畳にしたのだろうか。

琉球王国

琉球王国は正式国名を琉球國と言う。一四二九年に尚巴志《しょうはし》王が琉球を統一して成立し、近隣の中国・日本・朝鮮・東南アジア諸国との交易によって栄えた国である。しかし統一当初は、各間切の権力者である按《あん》司《じ》達の勢力が強く内乱が絶えなかった。一四七七年、一三歳で即位した尚真《しょうしん》王は国内を平定し、中央集権化

緩やかなカーブを持つ金城の石畳道

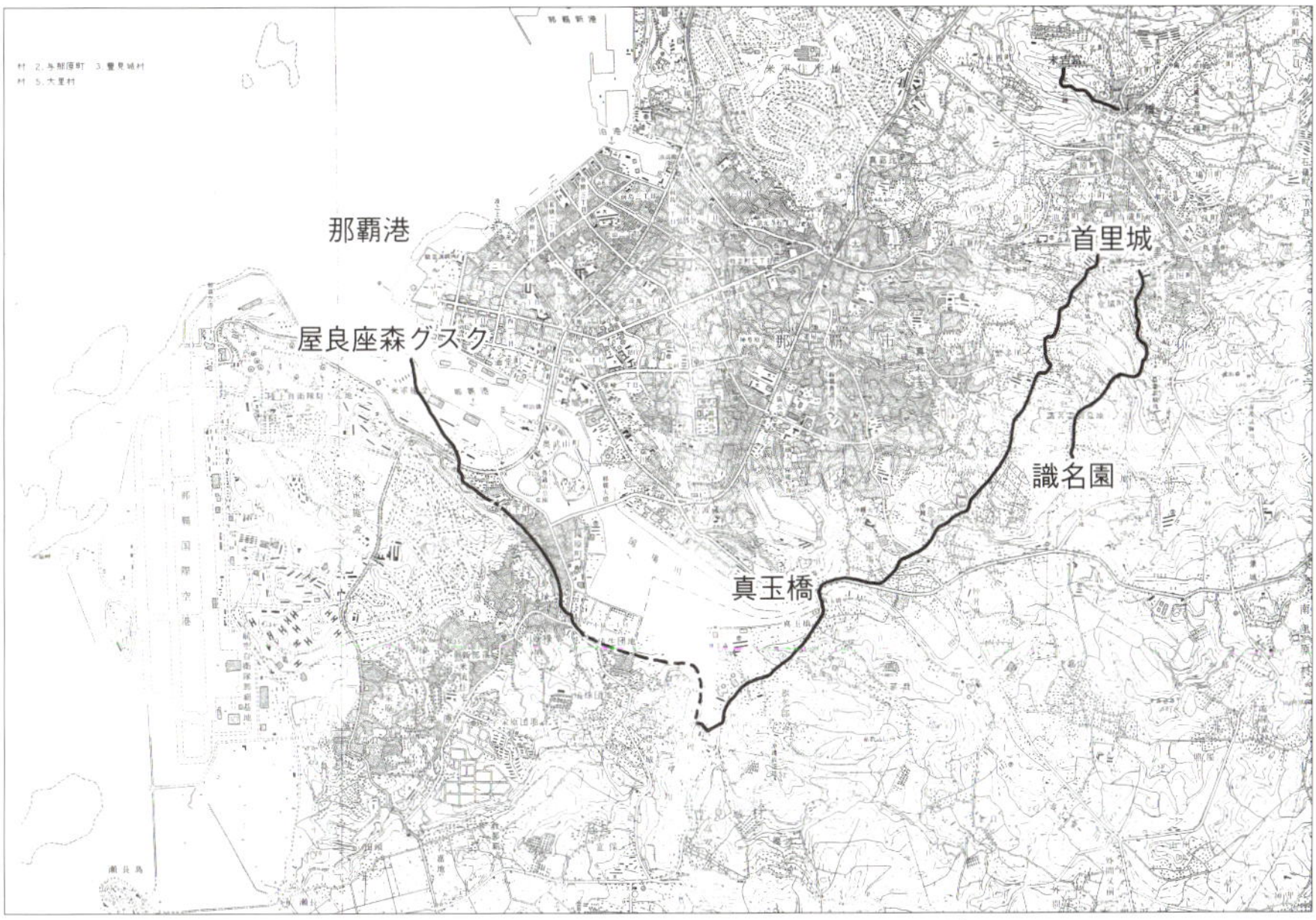

真珠道のルート（出典：『沖縄県沖縄の道調査報告書Ⅰ』、地図出典：国土地理院）

を図り、外交・貿易を活発に進めていった。一五七一年には、奄美諸島北部を侵略制圧し、王国の版図が最大となった。その後一六代まで王制が続いたが、薩摩藩の侵略により徳川幕府体制の管理下となる。一八七一（明治四）年、明治政府により琉球藩とされ、一八七九（明治一二）年に沖縄県となった。

真珠道は一五二二年、尚真王によって建造された。ただし、完成したのは首里城の守礼門から真玉橋までであった。一五二六年に尚真王が没した後、子の尚清《しょうせい》王に引き継がれ、一五五三年までには那覇港南岸に通じたのである。尚真王が真珠道を造った翌年には、国の統一持続のために各間切の按司を首里城下に移住させ、代理の按司を派遣した。按司を移住させた地区の一つが金城地区と言われている。金城地区は、渇水に悩まされていた地区が多い中で、湧水が豊富であった。「ガー」と呼ばれる共同井戸が、金城地区の石畳道付近に四カ所確認されており、最大規模となる「金城大樋川《ウフフィージャー》」は現在でも水が湧き出ている。首里城に近く、渇水に悩まされることのないこの地は、按司や王に仕えた人々が住むには最適な場所であったと考えられる。上流階級のみに許された石垣が築かれ、沖縄特有の伝統的な風景が造られている。

石敢當

共同井戸である金城大樋川

十字路のない道

金城の石畳道は首里台地の南斜面に位置し、平均傾斜度が二一・五パーセントあり、部分的に階段構造となっている。この石畳道は二〇～五〇センチメートルの大きさの琉球石灰岩が敷き詰められている。琉球石灰岩は南西諸島に広く分布する石灰

赤瓦と石垣

排水溝と階段

岩で、更新世にサンゴ礁のはたらきで形成され、多くの気孔を含んでいて地下水を浸透させる性質を持っている。石畳道の目地には砂を使用している。また敷石は表面を小叩きにして、滑らないように工夫されている。道脇には排水溝が両側もしくは片側に設置されている。

　現地を歩くと、坂道は緩やかなカーブを持ち、石垣に囲まれた沖縄特有の赤瓦の家が連なり、雨に濡れた琉球石灰岩の石畳はより一層美しくなる。首里城からの金城の石畳道は下り坂となり、沖縄の青空に赤瓦と白の基調が映える家々や緑深い木々、その中の石畳道は琉球王国時代当時を偲ばせる。

　金城の石畳道につながる道の交差部は四差路になっている所がない。四差路になる場所においても、微妙にずらして全て三差路にしている。その突き当たりには「石敢當《せっかんとう》」の石札が置かれている。これは中国の大勇力士の人名に由来した魔除けとしての役割の他に、道の突き当たりを意味し、石垣に囲まれた道の交差点は見通しが悪いため、出会いがしらの事故を防ぐためでもある。

　また、沖縄の土木技術を語る上でグスク（城壁）の石積みを欠かすことはできない。グスクは一〇～一四世紀に造られたものである。沖縄の首里城や中城《なかぐすく》城をはじめとし、奄美や先島《さきしま》諸島を含め、二〇〇～三〇〇のグスクがあったと言われている。琉球石灰岩を用いて築かれたグスクの石積み技術には野面積み、布積み、あいかた積みがある。石畳道の建設当時の記録や文献はないが、石積み技術は石畳道にも活かされたことであろう。

改修は野良仕事の合間に

一九〇六（明治三九）年から翌年にかけて行われた勾配のある石畳道の改修工事の記録によれば、幅員約二メートル、全長約五〇〇メートルの石畳道の工事に携わったのは、子供からお年寄りまでの一五〇名ほどのスンジュリーと呼ばれた人々で、無償で従事した。まだ機械がないため、琉球王国時代とあまり変わらない施工方法であったと思われる。

スンジュリーは材料の石を収集する班、収集した石を運搬する班、石敷作業を行う班、石敷道の周辺を芝生で固める班の四つに分けられた。石敷作業は、石工あるいは先輩格が担当した。まず整地した斜面に石敷のコースを設定した。幅員は目算で決められ定規等を使うことはなかった。四～五名を一組に、同時に数箇所から開始され、最初に比較的大型の石を利用して両端の淵石を敷いた。淵石は転石を防止するためにその半分の深さまで埋められた。列車のレール状に淵石を

首里城の守礼門

金城石畳道と案内板

敷設した後、その中間にもう一つ石列を敷いた。これは両方の淵石よりも僅かに高くし、中央部を盛り上げた。雨水を左右に流すためである。三本の石列の間には比較的平坦な面を上面にして、斜面の下側から石を敷き詰めた。この工事は野良仕事の合間に行ったため、完成までに六カ月余りを費やした。

冊封使を歓迎した道

那覇港の北岸には、一四五一年、尚金福《しょうきんぷく》王によって造られた長虹堤《ちょうこうてい》がある。これは島々を結んだ道で浮道とも呼ばれた海中道路である。当時の那覇港は、宮城県の松島のような海に島々が点在する地形であったが、現在では埋め立てられ、その痕跡はわずかしか見ることができない。

真珠道には那覇港を防御する目的があったとされている。以前より海賊などに警戒する必要性があり、尚真王の時代になって、那覇港南岸地区の道の整備は重要なものとして位置付けられた。真珠道の落成式は「一五二二年四月九日最高神女の聞得大君《きこえおおぎみ》をはじめ、すべての神女が集まり神託を賜った。すべての上下の軍人が礼拝し国の按司のため、王の政治のため祈った。また神女だけではなく三百人の僧達もきて祈り祝った」と記されている。当時の尚真王を中心に国を挙げての落成式であったことから、いかに金城の石畳道を含む真珠道が軍用道路として重要だったのかがうかがえる。また、那覇港北岸には三重《みえ》グスクという砲台が築かれていた。そして一五五三年、尚清王の時代には那覇港南岸の真珠道に、屋良座森《やらざもり》グスクという砲台も造られた。

琉球王国時代に首里城を起点として、北へ向かう西海岸沿いの中頭方西街道、国頭方西街道、東海岸沿いの中頭方東街道、国頭方東街道、南へ向かう島尻方西街道、島尻方東街道など主要な街道が石畳道として整

城壁に囲まれた首里城

首里城正殿

備され、また首里城近郊にある末吉宮参詣道、弁ケ獄参道なども石畳道である。なぜ、主要な街道も参道も石畳道となったのかは、一五四三年に建立された首里城の東側にある弁ケ獄参道入口の「かたのはなの碑」や、一五三七年に建立された浦添城跡の「浦添城の前の碑」の碑文に見ることができる。「王の命により、雨が降ると泥水が深くなるので道に石をはめさせた」とある。真珠道が造られた一六世紀頃の首里城を起点とする主要な街道や周辺は、行き交う人々のため石畳道として道づくりが行われたのである。

琉球王国時代、中国から来た冊封使《さっぽうし》は四〇〇～五〇〇人が約半年間滞在したと言われている。その歓迎は大規模なものであった。催しは崇元寺《そうげんじ》、首里城、龍潭《りゅうたん》、識名園などの城の内外で行われた。そして首里城から識名園に向かった冊封使は、金城の石畳道を通ったとされている。この石畳道は冊封使

復元された島添坂石畳

識名園

の歓迎においても、その役割を果たしてきた。

道普請として培われてきた道

金城の石畳道は、この地域の繁栄をもたらすとともに人々のコミュニティの場でもあった。当時から地元住民達によって掃き掃除などがされ、道普請による修繕活動があった。今も沖縄において、石畳道は琉球王国の歴史の証として親しまれ、金城地区以外の場所でも石畳を復活させる道づくり活動が進んでいる。首里城と金城の石畳道の間に位置する島添坂《シマシービラ》には石畳道が復元されている。

島添坂と金城の石畳道は真珠道として日本の道百選に選ばれており、琉球王国時代の空間を醸し出している。また、真珠道とは別に、首里城から識名園までのもう一つの道として「ヒジガービラまーい」散策路が整備されている。

琉球王国を偲ばせる道

金城の石畳道は、近年まで往来が盛んで主要街道としての役割を果たしてきた。それは、ここで生活して

「ヒジガービラまーい」散策路から眺めた那覇市内

きた人々の道普請という奉仕活動によって維持され続けてきた。このことは、この金城の石畳道が、琉球王国を偲ばせる道として愛され続けてきた証でもある。それ故に、今も存在し利用されているのである。

現地へのアクセス

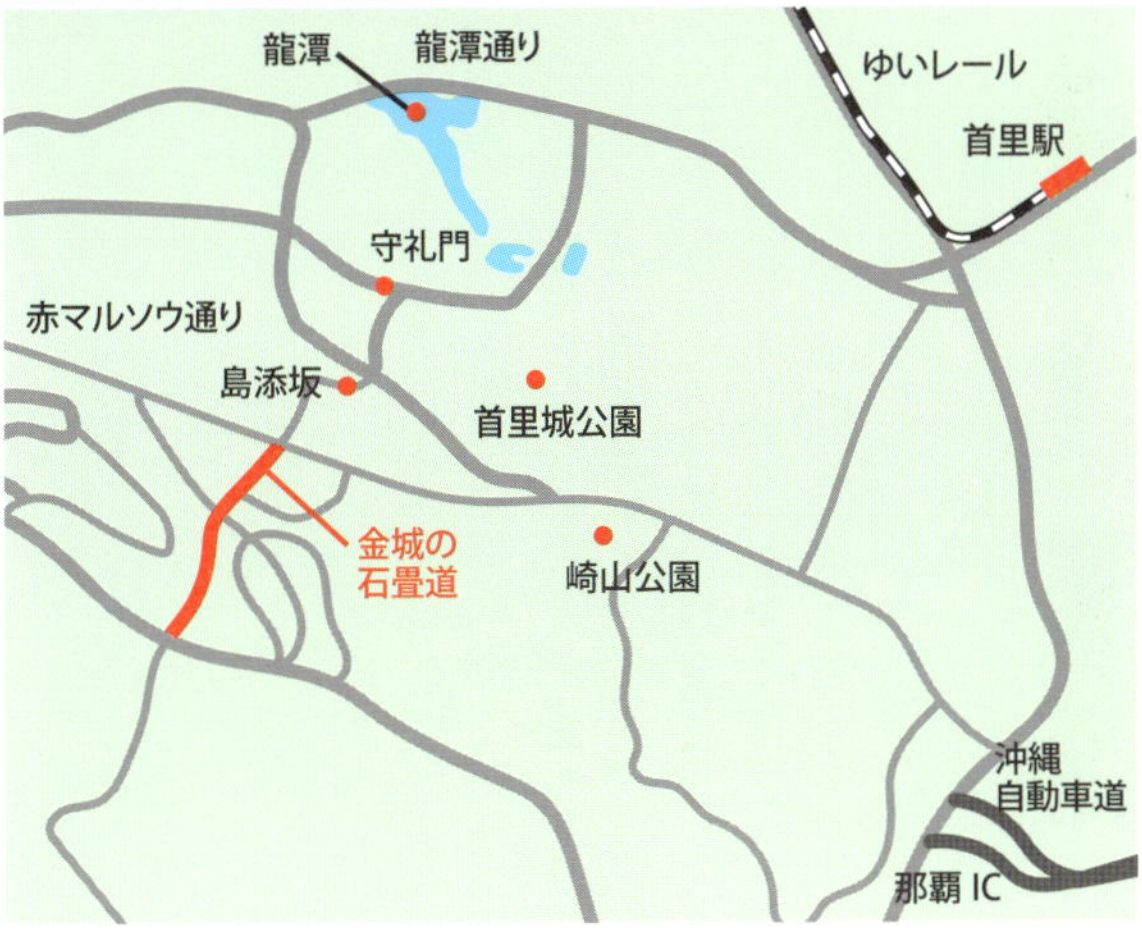

■ ゆいレール「首里駅」から徒歩12分。
■ 沖縄自動車道「那覇IC」から車で約3分。

同設計者施設

園比屋武御嶽の石門

尚真王が武富島の西塘に命じて建設させた石門

園比屋武御嶽《そのひゃんうたき》は琉球王国時代の国王の拝所で、守礼門後方左側の道端にある石門とハンタン山一帯を指す。国王は城外に出かける時、往路帰路の安泰をこの石門で祈願した。また、王府の行事で東方の拝所を巡礼する「東御廻り」や、聞得大君の就任の儀礼である「お新《あら》下《お》り」の際に最初に訪れる拝所でもあった。扉を除き全て石造りで、両妻飾りに懸魚《げぎょ》の彫刻を取り付けるなど木造建築の表現を取り入れている。二〇〇〇（平成一二）年に首里城跡などとともに世界遺産に登録された。

所在地　沖縄県那覇市

近隣土木施設

識名園

琉球独特の工夫を凝らした庭園

識名園は一七九九（寛政一一）年に造られた琉球王家最大の別邸で、国王一家の保養や冊封使の接待などに利用されていた。廻遊式庭園があり、心字池を中心に、池の島には中国風あずまやの六角堂や大小のアーチが配され、周囲には琉球石灰岩を積みまわすなど、随所に琉球独特の工夫がある。常夏の沖縄にあって、四季の移ろいも楽しめるよう、梅、藤、桔梗などの樹木を巧みに配した。第二次世界大戦の沖縄戦で破壊されたが、復元整備され特別名勝ともなり、指定面積は約四万平方メートルある。二〇〇〇年に首里城跡などとともに世界遺産に登録された。

所在地　沖縄県那覇市

類似土木施設

熊野古道の石畳

特別な目的のある石畳道

一千年もの昔、平安時代の上皇が幾度となく参詣し、時代を経て多くの人々が「蟻の熊野詣」と称されるほど列をなして訪れた甦りの聖地熊野。険しい山岳地帯を横断し、紀伊半島全域から霊場熊野三山を訪れるための参詣道が「熊野古道」である。熊野三山を参詣すれば現在、過去、未来にご利益があるとされた。聖地「那智山」へと続く高低差約一〇〇メートルの大門坂は、樹齢八〇〇年と言われる夫婦杉の巨木を登り口に配し、趣のある石段が約六〇〇メートル続く。

所在地　和歌山県／奈良県／三重県

◆現地を訪れるなら◆

沖縄のお墓の形はユニーク。亀甲墓と言い、墓室の屋根が亀甲形をしている。そして親族一同で共有しているため大きい。亀の形というが、実は女性の子宮を意味しているらしい。死後はまた子宮に帰る「母胎回帰」を表しているようだ。広い墓庭は、沖縄のお盆のような時期などに親族が集まって、持ち寄った重箱を広げて食事をしたりするスペース。偶然の遭遇で、御裾分けがあるかも。

土木遺産年表

時代	年	【歴　史】		【土木遺産】	
縄文		BC550：	アケメネス朝ペルシア帝国建国（～BC330）	BC591：	芍陂完成(中国　寿県)
				BC514：	蘇州完成(中国　蘇州)
	BC500	BC509頃：	ローマ共和制開始		
	BC400	BC403：	中国、戦国時代始まる(～BC221)		
		BC334：	アレクサンドロス大王の東方遠征（～BC324）	BC312：	アッピア街道建設開始（イタリア　ローマ）
弥生	BC300	BC272：	ローマのイタリア半島征服		
		BC264：	ローマ、ポエニ戦争開始(～BC146)		
		BC221：	秦、中国を統一		
	BC200	BC202：	(前)漢成立	BC200頃：	都江堰完成(中国　都江堰)
	BC100	BC141：	(前)漢、武帝即位(～BC87) (前)漢、全盛時代へ		
		BC27：	ローマ帝政始まる		
		BC7/4頃：	イエス生誕		
	0	25：	後漢成立		
	100	101頃：	ローマ帝国の版図最大（「ローマの平和」を享受）		
	200	220：	後漢滅亡、三国時代始まる		
		280：	(西)晋、中国統一		
古墳	300	316：	(西)晋滅亡、五胡十六国時代へ（～439）		
		395：	ローマ帝国の東西分裂		
	400	439：	五胡十六国時代終了、北魏の華北統一		
		476：	西ローマ帝国滅亡		
	500	589：	隋、中国統一	569：	ヴェネツィア建設開始（イタリア　ヴェネツィア）
飛鳥	600	607：	法隆寺建立	600頃：	安済橋完成（中国　石家荘）
		610：	ムハンマド、イスラム教創始		
		618：	唐成立（～907）		
		645：	大化の改新が始まる		
		694：	藤原京遷都（日本最初の本格的都城）		
奈良	700	701：	大宝律令の完成	**702前後：**	**満濃池構築の記録（香川県まんのう町）**
		710：	平城京遷都		
		750：	アッバース朝イスラム帝国成立（都：バグダード）		
		752：	東大寺大仏開眼供養		
		793：	ノルマン人（ヴァイキング）、西欧襲撃開始		
		794：	平安京遷都		
平安	800	800：	フランク王カールがローマ皇帝の帝冠を受ける	825頃：	西湖の白堤完成(中国　杭州)
		802：	アンコール朝成立（～1432：カンボジア） 後にアンコール＝ワットを建設	9世紀頃：	バリの棚田拡大開始（インドネシア　バリ島）
		862：	ノヴゴロド国成立（ロシア最初の国家成立）		
	900	960：	（北）宋成立		
		962：	神聖ローマ帝国成立		
	1000	1016：	藤原道長が摂政になる	1020頃：	西バライ完成（カンボジア　シェムリアップ）
		1053：	平等院鳳凰堂建立（藤原頼通）		
		1096：	第1回十字軍遠征（～1099）	1090頃：	西湖の蘇堤完成(中国　杭州)
	1100	1127：	金により（北）宋滅亡、 南宋成立（～1279、元により滅亡）		
		1192：	源頼朝、征夷大将軍となる（鎌倉幕府）		
鎌倉	1200	1206：	チンギス＝ハン即位（モンゴル帝国の誕生）	1200頃：	プラプトス橋完成（カンボジア　コンポンクデイ）
		1241：	ハンザ同盟成立		
		1243：	キプチャク・ハン国成立（モンゴル人によるロシア支配）		
		1271：	フビライ・ハンの元国成立		
		1274：	文永の役、元寇の始まり（1281年に再襲来：弘安の役）	1293：	通恵河完成(中国　北京)
	1300	1333：	鎌倉幕府滅亡　建武の新政が始まる		
南北		1338：	足利尊氏、征夷大将軍となる（室町幕府）		
		1368：	明成立（～1644：清）		
		1392：	李氏朝鮮成立（1897：国号を大韓帝国に変更） 日本では南北朝の対立が終わる		
室町	1400	1404：	足利義満、明との勘合貿易始める	1402：	カレル橋完成（チェコ　プラハ）
		1446：	訓民正音（ハングル）、制定される		
		1453：	東ローマ帝国滅亡		
戦国		1467：	応仁の乱おこる（～1477：下剋上の世へ）	1460：	昌徳宮の秘苑完成（韓国　ソウル）
		1492：	コロンブス、新大陸到達		
	1500	1517：	ルター、宗教改革開始	16世紀頃：	ホイアン建設開始（ベトナム　ホイアン）
		1522：	マガリャンイス（マゼラン）艦隊、世界周航		
		1543：	種子島に鉄砲伝来	**1522：**	**金城の石畳道完成（沖縄県那覇市）**
安土桃山		1560：	桶狭間の戦い	1590：	ランテ荘完成（イタリア　バニャイア）
		1582：	本能寺の変		
		1590：	豊臣秀吉が全国を統一する	1594：	ティビ・ダム完成（スペイン　アリカンテ）
江戸	1600	1600：	関ヶ原の戦い	1601：	柳川建設開始（福岡県柳川市）
		1603：	徳川家康、征夷大将軍となる（江戸幕府）	**17世紀初：**	**丸山千枚田の存在記録（三重県熊野市）**
		1612：	この頃アユタヤ朝（タイ）に山田長政が渡航 東南アジア各地に日本町が形成される		
		1615：	豊臣氏滅亡		
		1618：	30年戦争開始（～1648）		

江戸

1633： 最初の鎖国令（1639年、鎖国令完成）
1635： 参勤交代制が始まる
1642： ピューリタン革命（英）（～1649）
1661： ルイ14世、親政開始（絶対王政の全盛期）
1685： 徳川綱吉、最初の「生類憐みの令」発布
1689： 松尾芭蕉、『奥の細道』の旅へ
元禄文化が栄える（歌舞伎、浄瑠璃の興隆）

1700

1716： 徳川吉宗が8代将軍となる（享保の改革）
1775： アメリカ独立戦争（～1783）
1789： フランス大革命勃発
この頃：英国にて産業革命進行中
1792： ロシア使節ラクスマン、根室来訪
（大黒屋光太夫を伴なう）
1799： ナポレオン、第一統領に就任
（1804：皇帝就任）

1800

明治

1814： ウィーン会議開催、ブルボン朝復活（仏）
1830： フランス7月革命（ベルギー、オランダより独立）
1848： フランス2月革命（ウィーンでは3月革命）
1854： 日米和親条約締結
1858： ムガル帝国滅亡　日米修好通商条約締結
1867： 大政奉還（江戸幕府滅亡）
1868： 明治に改元（明治維新の始まり）
1869： スエズ運河開通、アメリカ大陸横断鉄道開通
1872： 新橋・横浜間に鉄道開通
1889： 大日本帝国憲法発布
1894： 日清戦争勃発（～1895）
1895： 下関条約締結（台湾が日本に割譲される）

大正

1900

昭和

1900： 義和団事件（日本軍出兵）
1901： 八幡製鐵所操業開始
1904： 日露戦争勃発（～1905）
1910： 日韓併合（～1945）
1911： 辛亥革命（清滅亡　翌年に中華民国成立）
1914： 第一次世界大戦勃発（～1918）
1917： ロシア革命
1918： 米騒動　日本軍のシベリア出兵（～1922）
原敬の政党内閣が成立
1923： 関東大震災
1929： 世界恐慌発生
1931： 満州事変勃発
1933： ヒトラー内閣成立（ドイツ第三帝国）
1937： 日中戦争勃発
1939： 第二次世界大戦勃発
1941： 日本軍、真珠湾攻撃（太平洋戦争勃発）
1942： ミッドウェー海戦（日本敗北）
1943： スターリングラードでドイツ軍降伏
ガダルカナル島から日本軍撤退
1944： ミャンマーにてインパール作戦開始
サイパン島からの本土空襲が始まる
1945： 第二次世界大戦終了（ドイツ・日本降伏）
1946： 日本国憲法公布
1948： 大韓民国成立
朝鮮民主主義人民共和国成立
1949： 中華人民共和国成立
1950： 朝鮮戦争勃発（～1953）
1951： サンフランシスコ平和条約（主権回復）
1989： 米ソ首脳マルタ会談にて冷戦終結宣言
1991： 湾岸戦争、ソ連解体

平成

1631： ヴェルサイユ庭園建設開始
（フランス　ヴェルサイユ）
1634： 眼鏡橋完成（長崎県長崎市）
1653： タージ・マハル庭園完成(インド　アグラ)
1653： 玉川上水完成（東京都）
1673： 錦帯橋完成（山口県岩国市）
1676： 兼六園建設開始（石川県金沢市）
1680： 箱根旧街道石畳敷設開始（静岡県三島市）
1740頃： キンデルダイク風車完成
（オランダ　キンデルダイク）
1771： バンコクの運河網建設開始
（タイ　バンコク）
1781： アイアンブリッジ完成
（イギリス　アイアンブリッジ）
1788： カール・テオドール橋完成
（ドイツ　ハイデルベルク）
1796： 華虹門完成(韓国　水原)
1825： サン・マルタン運河完成
（フランス　パリ）
1849： 鎖橋完成(ハンガリー　ブダペスト)
1853： パリ大改造(セーヌ川含)開始
（フランス　パリ）
1854： 通潤橋完成（熊本県山都町）
1854： ゼンメリング鉄道完成
（オーストリア　ゼンメリング）
1881： ダージリン・ヒマラヤン鉄道完成
（インド　ダージリン）
1884： 貞山運河完成（宮城県岩沼市～石巻市）
1887： 三角西港完成（熊本県宇城市）
1890： 琵琶湖第一疏水完成
（滋賀県大津市～京都府京都市）
1895： 男木島灯台完成（香川県高松市）
1900： 布引ダム完成（兵庫県神戸市）
1902： ロンビャン橋完成（ベトナム　ハノイ）
1903： レッチワース・ガーデンシティ建設開始
（イギリス　レッチワース）
1906： アカタン砂防施設完成（福井県南越前町）
1909： 大湊第一水源地堰堤完成（青森県むつ市）
1910頃： 大下水渠完成（オーストリア　ウィーン）
1911： 藤倉ダム完成（秋田県秋田市）
1913： 阿里山森林鉄道完成(台湾　阿里山)
1913： グエル公園完成（スペイン　バルセロナ）
1917： サントル運河ボートリフト完成
（ベルギー　ラ・ルヴィエール）
1918： 牛伏川フランス式階段工完成
（長野県松本市）
1919： 箱根登山鉄道完成
（神奈川県小田原市～箱根町）
1921： 小樽港防波堤完成（北海道小樽市）
1923： 安房森林軌道完成（鹿児島県屋久島町）
1924： 大河津分水路完成（新潟県燕市／長岡市）
1926： 南河内橋完成（福岡県北九州市）
1930： 鳥山頭ダム完成(台湾　六甲)
1930： 豊稔池ダム完成（香川県観音寺市）
1935： 長浜大橋完成（愛媛県大洲市）
1936： 北防波堤ドーム完成（北海道稚内市）
1937： 黒部峡谷鉄道全線完成（富山県黒部市）
1937： 三滝ダム完成（鳥取県智頭町）
1938： 白水ダム完成（大分県竹田市）
1942： 関門鉄道トンネル完成
（山口県下関市～福岡県北九州市）
1943： 泰緬鉄道完成(タイ　カンチャナブリ)
1943： ハウラー橋完成(インド　コルカタ)
1944： 安治川トンネル完成（大阪府大阪市）

※）緑色文字は「土木遺産Ⅰ・Ⅱ・Ⅲ」掲載の『土木遺産』

歴史監修：金本浩二（昭和第一学園高等学校　社会科教諭）

執筆者と参考文献等一覧表

（※取材協力・資料提供先は取材時の名称）

小樽港外洋防波堤	塚本敏行	『廣井勇と小樽築港』北海道開発土木研究所寄稿論文　継塚貴　二〇〇五年／『ほっかいどうかいはつグラフ』第四四巻　国土交通省北海道開発局　二〇〇六年／『平成の大改修（かわら版）』北海道開発局小樽開発建設部　二〇〇五～二〇〇六年／『小樽商工会議所一〇〇年史』小樽商工会議所　一九九五年／『重要港湾小樽港　OTARU PORT』北海道開発局小樽港湾事務所**【取材協力・資料提供】**北海道開発局小樽港湾事務所「おたるみなと資料館」**【執筆協力】**竹内研　山下茂
藤倉ダム	和田　淳	『秋田市水道誌』秋田市役所　一九一二年／『旧藤倉水源地水道施設について』豊島幸英　土木学会・土木史研究　第一六号　一九九六年／『藤倉水源地水道施設』鎌田唯男　全国上下水道コンサルタント協会「水坤」　第一六巻　一九九六年／『藤倉水源地ものがたり』秋田市上下水道局　一九九四年／『藤倉水源地管理橋調査報告書』田島二郎　田島橋梁構造研究所　一九九四年／『秋田市藤倉水源地水道施設』徳田弘　秋田大学工学部資源学部鉱業博物館講演会　鉱業博物館　第三六号　二〇〇五年度／「近代化遺産（トラス橋）補修　竣工図面」石川島播磨重工業株式会社　二〇〇〇年**【取材協力・資料提供】**秋田市上下水道局　総務課企画情報係・浄水課／株式会社IHI　社会基盤事業部営業部鋼構造グループ**【執筆協力】**塚本敏行
貞山運河	松村憲勇	『工学叢誌』第六号　工学会　一八八一年／『起業公債並起業景況第三回報告』一八八〇年／『貞山・北上運河沿革考』遠藤剛人　一九八九年／『貞山運河成立史考』遠藤剛人　一九六七年／「貞山運河」パワーポイント資料　国土交通省北上川下流河川事務所／『貞山運河関係事業概要』宮城県土木部河川課／「北上・東名運河辞典」パンフレット　みやぎ北上川の会　二〇〇三年／「石井閘門」パンフレット　キャナルネット　二〇〇二年／『土木学会誌「貞山運河」』和田和範　一九九七年**【取材協力・資料提供】**国土交通省北上川下流河川事務所／北上川・運河交流館／宮城県土木部河川課**【執筆協力】**塚本敏行
玉川上水	和田　淳	『玉川上水の謎を探る』渡辺照夫　二〇〇二年　くらうん工房／『玉川兄弟』杉本苑子　一九七四年　朝日新聞出版／『上水記考』恩田政行　二〇〇三年　青山第一出版／『玉川上水外伝　失敗堀綺譚と出典』恩田政行　二〇〇二年　青山第一出版／『玉川上水系に関わる用水路網の環境調査』渡部一二　一九八〇年　とうきゅう環境浄化財団／『水喰土を自然地理学の立場から調べる』角田清美　一九八六年　福生市史編さん委員会**【取材協力・資料提供】**羽村市郷土博物館
箱根旧街道	松金　伸	『東海道　箱根峠への道』社団法人中部建設協会　二〇〇二年／『箱根旧街道石畳整備事業報告書』三島市教育委員会　一九九九年／『史跡　山中城跡』三島市教育委員会　二〇〇二年／「東海道の土木史　―東海道ルネッサンス―（二）」『月刊建設』第四四巻九号　全日本建設技術協会**【取材協力・資料提供】**三島市教育委員会　文化振興課
黒部峡谷鉄道	松田明浩	『クロヨン（北アルプス最後の秘境黒部に挑む世紀の大開発）』梅棹忠夫ほか　一九六三年　実業之日本社／『黒部川物語』長井真隆監修　二〇〇四年　菅野印刷興業株式会社／『高熱隧道』吉村昭　一九七五年　新潮文庫／『黒部川のあゆみ―峡谷観光と電源・温泉開発』宇奈月町教育委員会　二〇〇三年　宇奈月町／『鉄道ダイヤ情報』№二五五「特集変わりゆく北陸の鉄道」二〇〇五年　交通新聞社／『立山・黒部未来への道「二一世紀の贈り物」環境と観光の共存』北日本新聞社編集局社会部取材班　二〇〇三年　北日本新聞社**【取材協力・資料提供】**黒部峡谷鉄道株式会社／関西電力株式会社北陸支社　総務・広報グループ
アカタン砂防	惣慶裕幸	『アカタン　明治の石積み堰堤』パンフレット　福井県土木部砂防海岸課・武生土木事務所／『アカタン砂防エコミュージアムマップ』パンフレット　二〇〇六年　福井県武生土木事務所／『ふくいの砂防』パンフレット　二〇〇六年　福井県土木部砂防海岸課／「登録有形文化財登録資料」二〇〇三年　福井県／「明治の砂防遺構が九つも連なる「アカタン・フィールド・ミュージアム」」『河川文化』第一三号　田中保士　社団法人日本河川協会／「明治の砂防堰堤群を活用したフィールド・ミュージアムづくり―福井県今庄町における事例―」『遺跡学研究』田中保士・深井亮太・玉村幸一・権八實　二〇〇四年　日本遺跡学会／『養老山系羽根谷「第六十三堰堤」の工事記録』二〇〇二年　岐阜県大垣建設事務所／『福井県土木史』福井県建設技術協会　一九八三年／『日本砂防史』全国治水砂防協会　一九八一年**【取材協力・資料提供】**福井県丹南（旧武生）土木事務所地域整備課／福井県土木部砂防防災課／田倉川と暮らしの会
丸山千枚田	藤澤久子	「丸山千枚田」資料　財団法人紀和町ふるさと公社／『紀和町史　上・下・別巻』三重県南牟婁郡紀和町　一九九一年・一九九三年・一九九四年／『日本の棚田　―保全への取組み―』中島峰広　一九九九年　古今書院／『棚田の謎　千枚田はどうしてできたのか』田村善次郎・ＴＥＭ研究所　二〇〇三年　ＯＭ出版**【取材協力・資料提供】**熊野市紀和総合支所地域振興課／財団法人　紀和町ふるさと公社
布引ダム	小澤宏二	『神戸市水道誌』神戸市　一八九一年／『神戸市水道70年史』神戸市水道局　一九七三年／『布引水源地水道施設記録誌』神戸市　二〇〇六年／『ひょうごの地形・地質・自然景観　失われつつある貴重な自然レッドデータ』神戸新聞総合出版センター　一九九八年**【取材協力・資料提供】**神戸市水道局
満濃池	加藤英紀	『満濃池史　満濃池土地改良区五十周年記念誌』満濃池土地改良区　二〇〇一年　美巧社／『季刊大林№四〇「満濃池」』株式会社大林組　一九九五年／「満濃池」パンフレット　まんのう町まちづくり政策課／「まんのう池コイネット」資料（http://www.mannouike.com/koinet/）**【取材協力・資料提供】**満濃池土地改良区／まんのう池コイネット／まんのう町教育委員会／香川県立ミュージアム（旧香川県歴史博物館）**【執筆協力】**塚本敏行

三滝ダム　佐々木勝

『中国地方電気事業史』中国電力／中国地方電気事業史編集委員会　一九七四年／『智頭町誌　上巻・下巻』智頭町誌編さん委員会　二〇〇〇年／『支壁式鐵筋混凝土堰堤の耐震法に就て』物部長穂　東京大學地震研究所彙報第五號　一九二八年／『日本電力蘆津發電所建設工事概要』宮川正雄　水力第一巻第二號　一九三八年／『三滝ダム　わが国最後のアンバーセン式バットレスダム』樋口輝久　『土木学会誌』二〇〇三年一一月号／『芦津発電所三滝ダムの堤体調査と修繕工事』大島久幸・清重直也・西内達雄　『電力土木』三二二号　二〇〇六年三月号／『「バットレスダムの維持管理標準」の策定』西内達雄・松村卓郎　『電力土木』三二二号　二〇〇六年三月号【取材協力・資料提供】中国電力株式会社流通事業本部倉吉電力所鳥取電力センター

南河内橋　市場嘉輝

『北九州の近代化遺産』北九州地域史研究会　二〇〇六年　弦書房／『鉄の橋百選―近代日本のランドマーク』成瀬輝男　一九九四年　東京堂出版／『新版日本の橋　―鉄・鋼のあゆみ―』日本橋梁建設協会　二〇〇四年　朝倉書店／『遠想　―沼田尚徳の実績と詩情―』つちき会（八幡製鐵所土木建築関係者ＯＢ・現役会）　二〇〇六年／『河内水源地　～技術者達の想いを尋ねて～』つちき会　二〇〇六年／「湖水に漂う近代の詩情：南河内橋」北河大次郎『橋梁と基礎』二〇〇七年一二月号　建設図書／「南河内橋―ある高等官技師のメッセージ―」菅和彦『月刊文化財』二〇〇六年一二月号　第一法規／『構造物の技術史　構造物の資料作成・辞典』藤森盛久編　二〇〇一年　市ヶ谷出版社／『前橋市史』市史編纂委員会　一九八五年／『桐生市制十五年誌』桐生市役所　一九三七年／『岩神風土記』佐藤寅雄　二〇〇四年／『土木と文明』　合田良實　一九九六年　鹿島出版会／『北九州市の土木』　北九州市企画局企画調整部企画課　一九九六年／『八幡製鐵所　土木誌』新日本製鐵八幡製鐵所　一九七六年【取材協力・資料提供】北九州市教育委員会／新日鐵住金株式会社八幡製鐵所／元新日本製鐵株式会社八幡製鐵所職員　菅和彦／公益社団法人土木学会附属土木図書館／群馬県立図書館／群馬県立文書館

通潤橋　村山千晶

『通潤橋補修工事報告』熊本県上益城地域振興局　二〇〇三年／『重要文化財通潤橋保存修理工事報告書』矢部町文化財建造物保存技術協会　一九八四年／『通潤橋架橋一五〇年記念誌』矢部町・通潤地区土地改良区　通潤橋一五〇年記念誌事業編集委員　二〇〇四年／『石橋は生きている』山口祐造　一九九二年　葦書房／『日本百名橋』松村博　一九九八年　鹿島出版会【取材協力・資料提供】通潤橋資料館／熊本県上益城郡山都町農林振興課・商工観光課

三角西港　遠藤徹也

『三角西港の石積埠頭』日本ナショナルトラスト　一九八五年／『三角町史』三角町史編纂協議会専門委員会　一九八七年／『明治における熊本港のルーツを探る』阿曾田清　一九八三年／『三角西港シンポジウム報告書』熊本県三角町、くまもと町並みゼミナール　一九八三年／『三池港務所沿革史第一〇巻　―附口之津港・三角港・三池炭ノ焚方―』三井三池炭鉱三池港務所　一九三三年／『雪女　夏の日の夢』ラフカディオ・ハーン　脇明子訳　二〇〇三年　岩波書店／『Een Drietal Zeestraaten van den Japanschen Archipel』Mulder, A.T.L.　一八九二年【取材協力・資料提供】宇城市教育委員会文化課／公益財団法人 日本ナショナルトラスト

安房森林軌道　中村和也

『森林開発と自然保護』水利科学研究所　一九七三年　中央公論事業出版／『日本の郷土産業六　九州・沖縄』日本地域社会研究所　一九七四年　新人物往来社／『温暖林』No四四一・三〇八・三〇七・三〇四・三〇〇・二九九　林野弘済会熊本支部／『世界遺産屋久島　―亜熱帯自然と生態系―』大澤雅彦・田川日出夫・山極寿一　二〇〇六年　朝倉書店／『季刊　生命の島』第二三巻第二号（通巻八三号）二〇〇八年　生命の島／「林野庁九州森林管理局ホームページ」（http://www.kyusyu.kokuyurin.go.jp/index.html）／「屋久島町ホームページ」（http://www.yakushima-town.jp）／「屋久島町立屋久杉自然館ホームページ」（http://www5.ocn.ne.jp/yakumuse/）【取材協力・資料提供】九州森林管理局屋久島森林管理署／屋久島森林生態系保全センター／屋久島電工株式会社　屋久島事業所／有限会社愛林

金城の石畳道　佐藤尚

『沖縄県歴史の道調査報告書Ⅰ』沖縄県　一九八四年／『首里城跡周辺整備基本構想調査報告書』那覇市　一九七九年／『石嶺坂石敷道　沖縄自動車道（石川～那覇間）建設工事に伴う緊急発掘調査報告書（四）』沖縄県　一九八六年【取材協力・資料提供】琉球大学名誉教授・工学博士　上間清／沖縄県教育委員会

同設計者・近隣・類似土木施設　塚本敏行

「北海道開発局　留萌開発建設部　留萌港湾事務所ホームページ」（http://www.rm.hkd.mlit.go.jp/office/kowanjimusyo/index.html）／「国土交通省北海道開発局函館開発建設部ホームページ」（http://www.hk.hkd.mlit.go.jp/index.html）／「小樽市ホームページ」（http://www.city.otaru.lg.jp/）／『土木遺産Ⅲ 日本編』社団法人建設コンサルタンツ協会「Consultant」編集部編　二〇一〇年　ダイヤモンド社／「駒沢給水塔　現地説明板」駒沢給水塔風景資産保存会・世田谷区／「船川港第二船入場防波堤現地案内板」秋田県船川港湾事務所／『土木建築の近代化遺産⑬　船川港・船入場防波堤』秋建時報　平成一五年三月一日版／「東京都江東治水事務所ホームページ」（http://www.kensetsu.metro.tokyo.jp/chisui/jigyou/suimon/sisetu/ougibashi.html）／「宮城県ホームページ」（http://www.pref.miyagi.jp/）／「東北大学　創造工学研修（二〇一三年度）：『東北地方の近代土木遺産と土木の偉人を調べよう』ホームページ」（http://msd.civil.tohoku.ac.jp/souzou2013a/）／「村山貯水池　現地案内板」東京都水道局／「多摩湖のページ　ホームページ」（http://www.geocities.jp/akutamako/index.html）／「琵琶峠の石畳　現地説明板」岐阜県教育委員会・瑞浪市教育委員会／「関東の土木遺産　土木学会関東支部　ホームページ」（https://www.jsce.or.jp/branch/kanto/）／『箱根登山鉄道のあゆみ』箱根登山鉄道株式会社　社史編纂委員会　一九七七年／「黒部ダムオフィシャルサイト」（http://www.kurobe-dam.com/）／『土木学会誌付録　土木モニュメント見て歩き』土木学会　一九九一年／「国土交通省河川局ホームページ」（http://www.mlit.go.jp/river/）／「岐阜県ホームページ」（http://www.pref.gifu.lg.jp/）／「眼鏡橋　現地案内板」三国町教育委員会　平成一七年一〇月設置／「福井県ホームページ」（http://www.pref.fukui.lg.jp/）／「白米千枚田　現地案内板」道の駅　千枚田ポケットパーク／「南志見活性化事業組合　食彩工房　ホームページ」（http://www.senmaida-monogatari.com/）／「土木学会　選奨土木遺産　ホームページ」（http://committees.jsce.or.jp/heritage/）／『日本土木史探訪　人は何を築いてきたか』土木学会　一九九五年　山海堂／「一般社団法人　日本ダム協会　ダム便覧ホームページ」（http://damnet.or.jp/）／「大阪府立狭山池博物館ホームページ」（http://www.sayamaikehaku.osakasayama.osaka.jp/）／「大阪府土木部河川室ダム砂防課ホームページ」（http://www.pref.osaka.lg.jp/damusabo/dam/sayama.html）／『建設マネジメント技術』二〇一三年三月号「土木紀行　滝宮橋」経済調査会／「函館市公式観光情報ホームページ」（http://www.hakobura.jp/）／「鳥取県　県土整備部　ホームページ」（http://www.pref.tottori.lg.jp/kendo/）／「歴史的鋼橋集覧　土木学会　ホームページ」（http://library.jsce.or.jp/jscelib/committee/2003/bridge/brtop.htm）／「ALL-Aホームページ」（http://allxa.web.fc2.com/archi/index.html）／「北九州の蔵出し情報誌『DOBOKU』思わず行ってみたくなる三〇選」北九州市　二〇一三年／『石橋物語　緑川流域石橋虎の巻』熊本県上益城地域振興局　二〇〇五年／「なごみ紀行 熊本市観光情報サイト」（http://kumanago.jp/event/?mode=top）／「一般社団法人九州地域づくり協会ホームページ」（http://www.qscpua.or.jp/）／「一般財団法人国土技術研究センター　ホームページ」（http://www.jice.or.jp/index.html）／「国土交通省関東地方整備局江戸川河川事務所ホームページ」（http://www.ktr.mlit.go.jp/edogawa/index.html）／「天草宝島観光協会ホームページ」（http://www.t-island.jp/）／『檜の森　赤沢自然休養林』中部森林管理局木曽森林管理署　二〇〇一年　財団法人林野弘済会長野支部／「海上保安庁ホームページ」（http://www.kaiho.mlit.go.jp/）／『Consultant』二六二号土木遺産Ⅺ「熊野古道」大日方佳奈子　建設コンサルタンツ協会　二〇一四年／「沖縄観光情報WEBサイト　おきなわ物語」（http://www.okinawastory.jp/）／「那覇市ホームページ」（http://www.city.naha.okinawa.jp/）

写真撮影者一覧表

	撮影者	掲載ページ（写真下にクレジットを入れた個人以外の提供者名を除く）
景観の中の土木遺産	初芝 成應	6・7
Part 1		
小樽港外洋防波堤	塚本 敏行	11上・12・13上・15・17・18・20中・21下
	竹内 研	13下
	金野 拓朗	21上2枚
	米岡 威	20上2枚
	松田 明浩	20下
藤倉ダム	塚本 敏行	22・27上・28・32下2枚・33上2枚
	和田 淳	24・27下・33下
	平田 潔	30・31
貞山運河	松村 憲勇	36、37の2枚・41・42上
	塚本 敏行	38・44上2枚
	平田 潔	40・42下
	村山 千晶	43・45下
	佐々木 勝	45上2枚
玉川上水	塚本 敏行	47、48の2枚 50上・51・53・54・55
	和田 淳	49・50下・52
	米岡 威	57上2枚
	川崎 謙次	56の2枚
	星 美幸	57下
Part 2		
箱根旧街道	中村 和也	60右・64・66・69
	松金 伸	60左・61 68
	塚本 敏行	63の2枚・65
	川崎 謙次	71上2枚
	浅見 暁	70の2枚
	大角 直	71下
黒部峡谷鉄道	塚本 敏行	73・75下・78上・79・83下
	惣慶 裕幸	76・77の2枚・82の2枚
	松田 明浩	75上・80・81
	中村 和也	83上2枚
アカタン砂防	惣慶 裕幸	84・89下・91・92・93
	塚本 敏行	85・88・89上・95中
	浅野 泰弘	86・90・95下
	遠藤 徹也	94の2枚
Part 3		
丸山千枚田	藤澤 久子	100・101上・102右・103・106
	塚本 敏行	101下・104・108の2枚
	加藤 英紀	105・107・109下
	小澤 宏二	99の2枚・102左
布引ダム	小澤 宏二	110・112・113・114・115下・118・119

	塚本　敏行	115上・120下2枚・121の3枚
	川崎　謙次	120上
	村山　千晶	120中上
満濃池	小澤　宏二	129上・131・124
	塚本　敏行	127・129下
	川崎　謙次	130下・132上
	徳光　宏樹	125・133下
	米岡　威	133上2枚
	加藤　英紀	130上
	佐藤　尚	126
	村山　千晶	132下
三滝ダム	佐々木　勝	135下・141の2枚・143・145下
	塚本　敏行	135上・136・137の2枚・142
	藤田　勝利	144の2枚
	松田　明浩	145上
	松嶋　健太	145中

Part 4

南河内橋	塚本　敏行	150・152右・153の2枚・155・156上・158下
	市場　嘉輝	158上2枚
	村山　千晶	149上
	遠藤　徹也	152左
	佐々木　勝	159上
	米岡　威	159中
	大波　修二	158中下
	市場　勝義	159下
通潤橋	村山　千晶	160・161・162の3枚・165下・167右・168上
	市場　嘉輝	165上
	遠藤　徹也	168下
	惣慶　裕幸	171上
	松田　明浩	171中
	塚本　敏行	171下
	増山　晃太	170上2枚
	西山　穏	170下2枚
三角西港	村山　千晶	175上・178の2枚・181・183下
	市場　嘉輝	173・180上
	遠藤　徹也	174の2枚・175下
	塚本　敏行	179・180下・183中
	平田　潔	182上2枚
	佐藤　尚	183上
	大波　修二	182中下
	原本　太郎	182下
安房森林軌道	中村　和也	184・186の2枚・188・190・191下2枚・192・195下
	塚本　敏行	189の2枚・193・195上2枚
金城の石畳	塚本　敏行	198右・199下・200・201・202下・203・204・206上・206中下・207中
	佐藤　尚	198左・199上・205・206下・207下
	荒井　裕則	197・202上
	米岡　威	206中上
	浅見　暁	207上
扉絵	和田　淳	9・59・97・147

一般社団法人 建設コンサルタンツ協会

建設コンサルタントとは、産業革命で湧く19世紀初頭のイギリスで産声をあげ、わが国では戦後に立ち上げられたもので、“土木施設”を整備するための調査、計画及び設計、建設時の監理や建設後の維持点検などの土木全般に関する技術を専門家として提供する職業です。その分野は、港湾、空港、海岸、河川、ダム、道路、橋梁などの構造物をはじめとして、電力、ガス、上下水道などのライフライン、都市、公園、情報、環境などの社会資本整備に関わるあらゆる範囲にわたっています。

一般社団法人建設コンサルタンツ協会は、これら建設コンサルタント企業の集まりとして昭和38年3月に設立された組織です。21世紀の社会資本の整備・活用をリードし、多様化する役割と拡大する領域を担い、技術を磨き合って優秀な技術者が活躍する「Profession For The Next」を目指し、子孫に誇れる美しく豊かな国土を実現するために貢献することを念頭に、資質と技術力の向上を図り、公共の福祉の増進に寄与することを目的に業務、経営基盤の強化に関する調査・研究、情報収集、資格認定、講習会の開催などの事業や社会貢献活動を行っています。

一般社団法人建設コンサルタンツ協会ホームページ：http://www.jcca.or.jp/

一般社団法人　建設コンサルタンツ協会『Consultant』
編集部
代　表　佐々木　勝
浅見　暁
米岡　威
遠藤　徹也
村山　千晶
川崎　謙次
水野　寿行
油谷　百百子
大波　修二
編　集　塚本　敏行

本書は、一般社団法人 建設コンサルタンツ協会PR誌『Consultant』の左記の号に掲載された記事に、加筆修正を加えたものです。

・二三四号（平成一九年一月号）
・二三七号（平成一九年一〇月号）
・二三八号（平成二〇年一月号）
・二三九号（平成二〇年四月号）
・二四〇号（平成二〇年七月号）
・二四一号（平成二〇年一〇月号）
・二四二号（平成二一年一月号）

土木遺産Ⅳ――世紀を越えて生きる叡智の結晶　日本編２

2015年2月19日　第1刷発行

編　者――一般社団法人 建設コンサルタンツ協会『Consultant』編集部
発行所――ダイヤモンド社
〒150-8409　東京都渋谷区神宮前6-12-17
http://www.diamond.co.jp/
電話／03·5778·7235（編集）　03·5778·7240（販売）

装丁・本文デザイン――櫻井和則（大應）
製作進行――ダイヤモンド・グラフィック社
レイアウト・印刷――大應
製本――ベクトル印刷
編集担当――千野信浩、前田早章

ISBN 978-4-478-06395-8

既刊、好評発売中!!

今もなお利用され続ける
ヨーロッパとアジアの
貴重な土木遺産

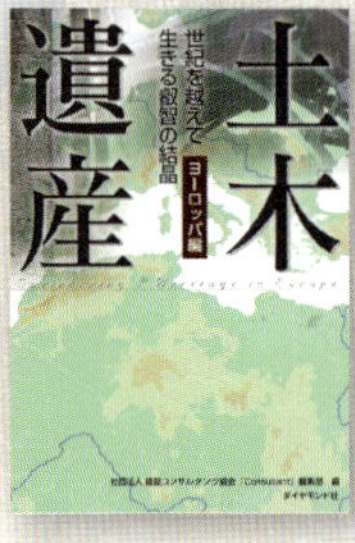

土木遺産

世紀を越えて生きる叡智の結晶　ヨーロッパ編

「土木遺産」
世紀を越えて生きる叡智の結晶
ヨーロッパ編
社団法人　建設コンサルタンツ協会
『Consultant』編集部　編
A5判・並製　200ページ
4-478-89018-8
定価　(本体2,200円+税)

収録内容
◆土木の原点、志と勇気
◆アッピア街道
◆カナル・グランデ
◆カレル橋
◆ランテ荘
◆ティビ・ダム
◆ヴェルサイユ庭園
◆キンデルダイク
◆アイアンブリッジ
◆カール・テオドール橋
◆サン・マルタン運河
◆鎖　橋
◆セーヌ河岸
◆ゼンメリング鉄道
◆レッチワース
◆大下水渠
◆パルク・グエル
◆サントル運河

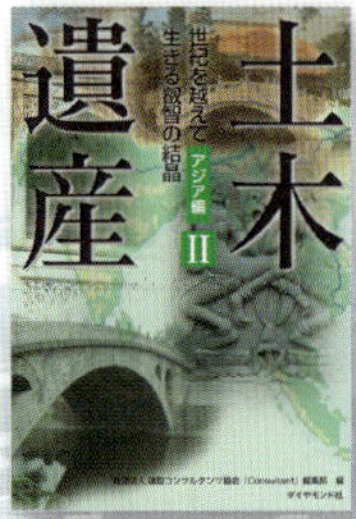

土木遺産 II

世紀を越えて生きる叡智の結晶　アジア編

「土木遺産 II」
世紀を越えて生きる叡智の結晶
アジア編
社団法人　建設コンサルタンツ協会
『Consultant』編集部　編
A5判・並製　224ページ
978-4-478-00309-1
定価　(本体1,980円+税)

収録内容
◆芍陂（しゃくひ）
◆蘇州
◆都江堰
◆安済橋
◆西湖の土堤
◆通恵河
◆昌徳宮の秘苑
◆華虹門
◆阿里山森林鉄道
◆烏山頭ダム
◆ホイアン
◆ロンビャン橋
◆西バライ
◆プラプトス橋
◆チャオプラヤ運河網
◆泰緬鉄道
◆バリ島の棚田
◆タージ・マハル庭園
◆ダージリンヒマラヤン鉄道
◆ハウラー橋

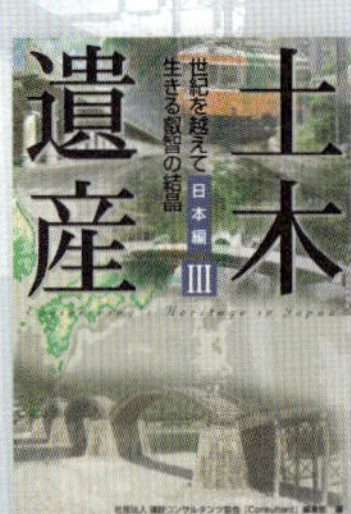

土木遺産 III

世紀を越えて生きる叡智の結晶　日本編

「土木遺産 III」
日本編
社団法人　建設コンサルタンツ協会
『Consultant』216ページ
978-4-478-01468-4
定価　(本体1,980円+税)

収録内容
◆北防波堤ドーム
◆大湊第一水源地堰堤
◆箱根登山鉄道
◆信濃川大河津分水路
◆兼六園
◆牛伏川フランス式階段工
◆琵琶湖疏水
◆安治川トンネル
◆錦帯橋
◆男木島灯台
◆豊稔池ダム
◆長浜大橋
◆関門鉄道トンネル
◆柳川
◆長崎眼鏡橋
◆白水ダム